TURN DEFEAT INTO VICTORY

反败为胜的法则

个人如何逆风翻盘

蔺雷 吴家喜 ◎著

机械工业出版社
China Machine Press

图书在版编目（CIP）数据

反败为胜的法则：个人如何逆风翻盘 / 蔺雷，吴家喜著 . -- 北京：机械工业出版社，2022.7
ISBN 978-7-111-70964-0

I. ①反… II. ①蔺… ②吴… III. ①成功心理 – 通俗读物 IV. ① B848.4-49

中国版本图书馆 CIP 数据核字（2022）第 097433 号

反败为胜的法则：个人如何逆风翻盘

出版发行：机械工业出版社（北京市西城区百万庄大街 22 号 邮政编码：100037）
责任编辑：华 蕾
责任校对：殷 虹
印 刷：三河市宏达印刷有限公司
版 次：2022 年 7 月第 1 版第 1 次印刷
开 本：147mm × 210mm 1/32
印 张：8.5
书 号：ISBN 978-7-111-70964-0
定 价：69.00 元

客服电话：（010）88361066 88379833 68326294　投稿热线：（010）88379007
华章网站：www.hzbook.com　读者信箱：hzjg@hzbook.com

谨以此书献给

逆风而行的拼搏者

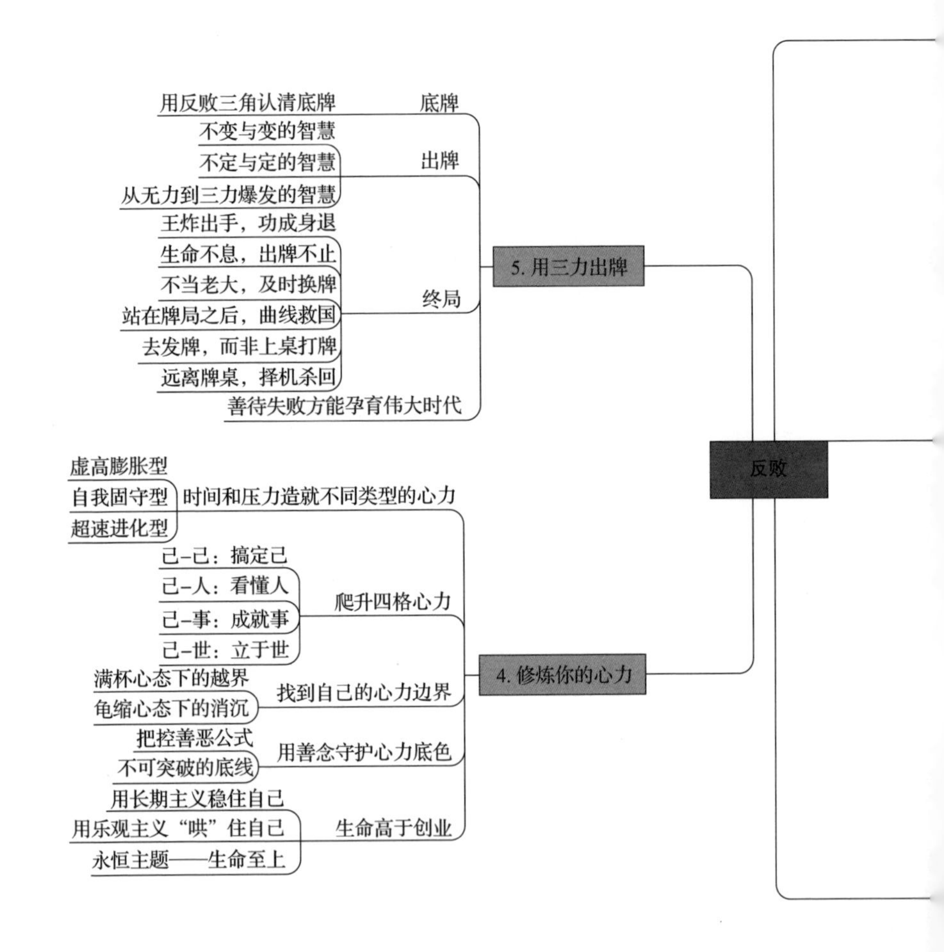
反败
5. 用三力出牌
底牌
用反败三角认清底牌
出牌
不变与变的智慧
不定与定的智慧
从无力到三力爆发的智慧
终局
王炸出手，功成身退
生命不息，出牌不止
不当老大，及时换牌
站在牌局之后，曲线救国
去发牌，而非上桌打牌
远离牌桌，择机杀回
善待失败方能孕育伟大时代
4. 修炼你的心力
时间和压力造就不同类型的心力
虚高膨胀型
自我固守型
超速进化型
爬升四格心力
己-己：搞定己
己-人：看懂人
己-事：成就事
己-世：立于世
找到自己的心力边界
满杯心态下的越界
龟缩心态下的消沉
用善念守护心力底色
把控善恶公式
不可突破的底线
生命高于创业
用长期主义稳住自己
用乐观主义“哄”住自己
永恒主题——生命至上

- 1. 榨取“反败资本”
  - 我们曾经的反败逻辑都错了
    - 把失败当作成本
    - 落入失败表象陷阱
    - 把失败归因于外界而不能自省
  - 高手过招，拼的是反败资本
    - 从失败中榨取反败资本
    - 意识不到的能力短板
    - 习以为常的习惯障碍
    - 必须弥补的心智黑洞
  - 打掉劣质心理
    - 逃避失败是最大的失败
    - 反败的起点是认败
    - 敢认败，不服败
  - 看透创业反败曲线
    - 用反败曲线自我诊断
- 2. 进化你的能力
  - 醒悟力
    - 比失败更可怕的是不自知
    - 在极端事件中顿悟
    - 经他人点拨顿悟
    - 通过“干中学”渐悟
    - 间断性反思迭代
  - 止损力
    - 创业者通病：不知、不愿、不会止损
    - 止损 = 断臂重生
    - 止损参考：两大原则和四个方法
  - 抗压力
    - “不确定性”带来核爆式创业压力
    - 用抗压力改变创业结局
    - 提升抗压力三法
  - 关系力
    - 创业可败，做人不能败
    - 维持关系，放大关系
    - 关系力三要素
    - 提升关系力四法
- 3. 重塑你的惯力
  - 死于惯性，生于受虐
    - 显性惯性：坏习惯在创业中被放大
    - 隐性惯性：好习惯一样会毁了创业
    - 惯性可以被重塑
  - 说得连自己都信了
    - 不小心被自己洗脑了
    - 说信自己背后的故事
    - 跳出说信自己的迷局
  - 伪忙碌陷阱
    - 忙碌陷阱
    - 看看自己有没有“伪忙碌”
    - 误入盲区、做加法、缺乏深度思考是伪忙碌的根源
    - 跳出盲区、做减法、时间管理
  - 急于求成 = 加速失败
    - 急于求成：初心变味，动作变形，加速失败
    - 抗急原则：把握节奏，延迟满足，用时间换空间
  - 长短板之惑
    - 补短丢长，得不偿失
    - 早期极尽长板，先活下去
    - 成熟期巧补短板，整体提升

推荐序

我要订 1000 本《反败为胜的法则》送人

新冠肺炎疫情期间，我被封闭在家，哪里都不能去。正当无聊得脚下生根、头上长草的时候，蔺雷博士带着他的新著《反败为胜的法则》“远程”找我，邀我写序。

这是我早就期待的一本书。三年前，蔺雷博士跟我说起这个创意时，我就感到非常激动。因为，人们之所以创业，舍身追求的就是成功女神，但失败，却是一团穿着黑衣、拿着镰刀、与成功女神形影不离的阴影，时刻笼罩在每一个创业者的心头。

我们追求鲜花盛开的未来，却常常收获荆棘遍地的现实。我们以为创业成功就可以大碗喝酒、大块吃肉、大把花钱、大快人心，但创业的失败却让兄弟反目、情侣分离……

作为一个活跃的天使投资人和创业鼓吹者，我自己真的不知道该如何面对失败的创业者。因为，成功是我们投资时共同的期许，而失败，则是双方都难以正视的局面。看着那些拿着我的投资创业失败的年轻人，我内心常常会感到一阵阵不安和愧疚，好像是我拿了对方 100 万美元血汗钱，而不是相反。

我的愧疚是真实的，毕竟，投资人亏掉的只是那些“剩余价值”，而创业者付出的，却是刻骨铭心的血泪青春、残酷人生。

失败，是创业大潮中所有利益相关者都不得不正视的一个问题。

失败，是所有创业者在扬起创业之帆前必须未雨绸缪、勇敢面对的一种可能。

失败，更应该成为那些阶段性不成功者（让我实话实说，也就是创业失败者）在枪声停息、硝烟散尽、打扫战场时，吸取教训、萃取智慧、获得启示，从而再次起航、直济沧海的宝库！

本书作者之一蔺雷博士，在清华大学读完管理学博士之后，本来立志从事国家宏观产业政策研究。创业大潮来临，也把他这位本来打算一辈子在政府和研究所之间行走的学者，拖进了酸奶、饺子、机器人、无人机、共享空间等组成的绚丽而喧嚣的世界。他成了研究当代创业现象的领先者。

深厚的学术功底和强悍的执行能力，使得蔺雷博士在短短几年内连续出版了《第四次创业浪潮》《内创业革命》《内创业手册》《激活国企：内创业方案》等书，引起了政府、国企、创业企业的广泛关注。邀请他演讲的帖子雪片般飞来。他做演讲的待遇，从经济舱升到商务舱，报酬也从免费盒饭向五位数攀升，估计很快就会冲破六位数。他自己，则从学者成功转型为时代现象的记录者，可以说，他也成了一个“成功的创业者”。

他站在中国创业大潮的赤壁之下，精心研磨、深刻思考一个个失败的故事，历经一年多重重绝望与“失败”的折磨，终于把《反败为胜的法则》这本书奉献到了读者面前。我的兴奋之情，是难以想象的。

我觉得，《反败为胜的法则》是中国当代创业史研究领域的一本重要著作。蔺雷博士在对大量创业失败者进行访谈并分析了众多失败案例之后，旗帜鲜明、理直气壮地提出：失败不是成本，失败是资本，失败是获得下次成功的宝贵资本。《反败为胜的法则》的出版，也许会颠覆“失败”一词在当代汉语语境中（至少在创业语境中）的含义。我希望，这本极具创新精神的《反败为胜的法则》能成为风靡创投界的一本必读书。

我之所以为《反败为胜的法则》的出版感到特别高兴，还因为有一些“私房货”在内——若再遇见创业失败者，我就不必反复“兜售”那些“廉价”的安慰和无用的鼓励了，我可以送他一本《反败为胜的法则》，既省钱，又省力（此处偷笑），最重要的是，《反败为胜的法则》特别有用。

创业者需要的，除了勇气和智慧，就是“资本”，而且是一种前所未有的、崭新的资本——反败为胜的资本！我不能给所有创业失败者都追加资金，但我可以送给他们每人一本《反败为胜的法则》。

读《反败为胜的法则》，从失败的阴影中走出来。只要走出失败的阴影，你就会再次沐浴在胜利女神的微笑中。

认真读这本书，你会发现每一页都是一张可以兑现的支票，只要你知道如何从蔺雷博士的书中获得教益！

“安娜，订 1000 本《反败为胜的法则》！”

这是我给真格基金 CEO 下达的工作指令。

徐小平　真格基金创始人

自　序

凛冬过后，昂头返场

每逢岁末，网上都会流传一份“创业阵亡名单”。以前看时，我倍感触目惊心，多少曾经熟悉的创业公司最终灰飞烟灭。现在看时，我要恭喜那些创业者，成功者都曾是失败者，这是上天给他们最好的成长机会。在失败中求索，在反败中重生，名单上的每位创业者都蕴含着巨大的“反败资本”。

有人会说：“你是不是疯了？”

我没疯，而是这个时代到了必须击穿失败、全力反败的时刻，每个人都需要掌握反败为胜的法则。

这是个什么样的时代，我们又处在一个什么样的位置，值得每个人去揣摩和思考。这里的“我们”，不仅仅指创业者，还包括投资人、创业服务者、政策制定者，以及每一位生活的普通人。

这是一个大众创业的时代，也是一个“大众”失败的时代。

创业这件事，成功是偶然，失败才是常态——既然是大众创业，那么必定会有“大众”失败。至于失败率，有人说是95%，有人说是99%，还有人说是99.9%。具体失败率是多少并不重要，重要的是这么一大群人失败了怎么办？没人疼没人爱，唯有自己去反败。

这是一个崇尚成功的时代，更是一个需要反思失败的时代。

一个冷静而成熟的创业时代，会遵循“成功不可复制，失败可以避免”的信条。当人们遍讲成功学却发现越来越偏离轨道时，研修失败、败中制胜的新思维就会成为必然。这个时代会把关于成功的“幸存者偏差”降到最低，把对失败的反思纠偏程度升到最高。既然从失败中学到的东西是从成功中学到的数倍，为什么不赶紧闭上渴望成功的迷乱之眼，转而睁开反败的理性之眸呢？

这是一个强调生态的时代，但唯独少了对反败生态的保护。

创业者不是自己一个人在创业，而是一群人围着他们在创业，这便是决定创业能否成功的“创业生态”。然而，这个生态现在“生病”了，不能给那些创业失败者更好的保护——在创业生态的设计中，人们忘了关键一环：失败生态。当创业失败成为大规模现象，而整个生态对此不闻不问甚至冷嘲热讽时，它只会成为一具带病前行的躯壳。当有一天我们不再是一个人反败，而是全社会都在帮我们反败时，这个生态就是健康和活力十足的。

这是一个推崇能力的时代，却忽略了失败者的能力多么可贵。

创业者的能力是最宝贵的，他们是真正从 0 干到 1 的人，经历了普通人几辈子都不会碰到的事。所有失败的教训都是为未来成功而储备的“潜能量”。但若创业者没有勇气去反败，一直隐藏着从失败中磨砺出的能力而不去释放，那就真的是白失败了。一个国家如果忽略创业失败者，将可能丧失一个提升大众能力的绝佳机会。当我们把创业者的失败教训转化成大众能力时，才真正实现了大众创业的设计初衷。

这是一个热闹的“创”时代，更是一个回归价值和理性的时代。

改革开放后，每十年左右中国就会经历一次创业大潮。我们正在经历第四次创业浪潮，政府摇旗呐喊，民众激情参与，投资风起云涌。然而，伴随而来的，是心态浮躁、泡沫浮现、估值虚高、伪创业等乱象。热闹过后，正是回归价值创业和理性创业的大好时机，从失败中攫取价值、从失败中收获理性才是最该走的“捷径”。这不只关系每一个创业者，更是全社会在试错后的良性回调与深度进化。

生机在危机中蕴藏，凤凰在烈火中重生，一切劫难和挫败都可以锻造我们迈向成功的耐心与信心。反败成就了中国改革开放后的几代创业者，那些耀眼的名字，正是一个个草根创业者历经无数反败才铸就的人物标记：年广久、陶华碧、鲁冠球、任正非、褚时健、梁稳根、王文京、王传福、李书福、柳传志、宗庆后、刘延云、刘永好、李东生、陈东升、何享健、俞敏洪、徐小平、雷军、王兴、张一鸣……

失败之于徐小平，是创办“真格失败研修院”的情怀，他说：“在创业时代，失败不应该是一种难以启齿的丑闻，而应该是一种蓄势待发的潜伏。如果要给‘失败’一个定义，那应该是离创业成功更进一步。”

失败之于乔布斯，是想到就立刻去做的行动：“你想得到它就必须采取行动，你必须接受一切失败，你必须接受一败涂地，你怕失败就不会走得太远。”

失败之于贝佐斯，是让人生不遗憾的勇气：“当你老了，回顾自己一生的时候，可能不会因为失败而后悔，但未曾尝试过却会给你留下终身遗憾。”

失败之于任正非，是网罗人才的根基：“十年来，我天天思考的都是失败……把失败的人给我们，这些失败的人甚至比成功的人还要宝贵。”

失败之于丰田公司，是改善质量的机会。丰田公司有这样一种企业文化：带一支碰见问题就兴奋的队伍，每当故障灯亮起，丰田人就知道，改善的机会来了！

失败之于以色列，是父母骨子里鼓励孩子去创业、全体国民高看创业者的民族基调，是让一个沙漠小国有底气创新立国的硬核。

失败之于硅谷，是不断创造伟大公司的最大秘密，更是出现世界顶尖创业者的文化密码。硅谷创新基因的传承，就是踩在无数公司失败肩膀之上的扬弃。这种内核的东西，多少地方想学也学不会。

扪心自问，难道不是这样吗？

太值得庆幸了——整个人类社会正是被一批批不断反败的创业者向前推进的，他们不断向失败学习，不断从失败中榨取让自己反败的资本，这样才创造出无数的社会财富和新生事物。反败，让整个世界如此绚烂迷人。

从概率上讲，不论你是创业者还是上班族，失败是百分之百要经历的一件事。每个人都是在反败路上跌跌撞撞长大的，那些打不倒你的，才将使你真正强大。人人都要反败，而创业者是反败痕迹最深也最有代表性的一个群体。本书重在刻画创业者群体，实则在描绘社会群像。每个人或多或少都能在本书中看到自己那不甘命运而奋力抗争的影子，感受到苦尽甘来、灿烂通透的心境。

成功就是尽量少败甚至不失败，再加上一点点运气的帮助，成功永远只是不断反败的副产品。这个世界从来没有直达成功这一说，不是有了“法宝”就必然成功，而是应该想想怎样使用这些“法宝”让自己少犯错误去接近成功。

这本书的诞生绝不止我们两位作者之力，我们只是把千千万万人想说的话和不凡的反败历程用本书表述出来。《反败为胜的法则》这本书的核心点，可以归结为“反败资本”这个词。反败，从改变自己开始，从过去的受挫中积累能力资本、惯性资本和心力资本三种资本开始——这便是反败为胜的法则。哪怕最后只有一点点成长，你也是人生的成功者。

每次写书都要致谢，这次我要“四谢”。

一谢创业者。你们把老天赋予的本能发挥到极致，让我们生活在一个特别有希望的世界中，让我们看到坚持的伟大和反败的神奇！不论你们此刻躲在角落哭泣或在阳光大道上迈步前进，不论你们曾拒绝或接受我的邀约访谈，你们都是我心中的真英雄！

二谢徐小平。真格基金的徐小平老师通过真格学院，让我们与创业者之间建立了精神家园、同甘乐园与共苦庄园。身为非典型投资人的他，用诗人般的优美语句、哲人般的巧妙智慧、长者般的温情暖语、使者般的强悍心力，为失败者营造了一个无与伦比的“反败量子纠缠场”，用他体内迸出的包容和能量帮助创业者反败。

三谢出版社。我曾在朋友圈写下这样的话，“机械工业出版社华章分社与作者共进退、与自己共成长、与社会共创新”，这绝非阿谀奉承之辞。沉稳的范社长、睿智的王副社长、儒雅的岳老师、有创意的张枭翔、认真负责的刘一祎……这样一群出版人，想到他们就暖意满心。

四谢朋友圈。一众朋友，你们有的批评我，有的鼓励我，有的否定我，有的建议我，有的质疑我，有的劝解我，有的捧着我，有的鞭笞我……不论怎样，你们每句无心之言或有意之语，我都存于记忆，并从中汲取养分。真的，朋友不言谢，但可以跪谢。

每个好的时代，每个思考的人生，总会令我们获得心灵上的自由与巨大进步。你会，我会，大家都会。再问自己一遍，这是个什么样的时代？我们会找到那个深藏已久的答案。

反败，It’s time（正当其时）。

蔺　雷

2022 年 5 月 15 日于北京

目 录

01

第一章

榨取“反败资本”

创业江湖，唯反败可期。

我们曾经的反败逻辑都错了

从 2015 年起，我亲眼见证了近百位创业者悲壮而又无奈的失败、离场。他们中的大多数人曾奋力反击，但最终都销声匿迹。我在和他们当中的一部分人一起复盘时，总会问一个同样的问题：为什么失败后总结了那么多刻骨铭心的原因，却依旧没能翻盘？

随着访谈的深入，一个细思极恐的答案浮出水面。那就是，创业者所总结的大多数失败原因，非但不能让他们败中求胜，反倒会把他们推向新的失败，使理想和现实的差距越来越大。

理想中的反败应该是这样的：找到了问题，吸取了教训，改变了自己，犯过的错不再犯，向着胜利迈进。

现实中的反败却是这样的：犯过的错依旧犯，找到的失败原因其实并不是真正的原因，旧伤未愈又添新伤。

为什么会出现如此巨大的反差？显然，是创业者的反败逻辑出了偏差。所谓反败逻辑，是指失败后怎么看待失败和寻找真正的失败原因。一旦底层逻辑出现错误，再怎么弥补也无济于事，就像计算机的操作系统一旦崩溃，再好的程序都无法运行一样。

如果底层逻辑错误，失败只是下一次失败之母，而不是成功之母。

细数各种创业案例和故事，创业者失败后往往有三种固有认知，进而形成难以被轻易打破的旧逻辑。

缺乏“价值逻辑”：把失败当作成本，而非翻盘的机会

2018 年 3 月，王宝强被评为金扫帚奖“最令人失望导演”。一直以来，明星都对这个奖避之唯恐不及。没想到，王宝强不仅亲自领奖，还在台上承认自己欠观众一句道歉，并说自己之所以来领奖，是因为自己热爱和尊重电影。得到网友点赞最多的一句话是：“只有勇于承认自己的失败，才能进步。”

不论是无意为之，还是有意策划，王宝强敢于直面这件事，用一种充满智慧的方法将潜在的负面影响变成可终身受益的正向价值，扭转了局势。

和王宝强一样，如何看待失败，是挡在创业者面前的一团至暗迷雾。很多创业者都把失败当作丢人的事，看作对自己的否定，于是，要么不敢直面失败，闭口不提，要么文过饰非，一错到底。这就是把失败当成了负面成本，彻底忽略了其蕴含的机会和价值。

什么是成本？简单地说，成本就是消耗。

创业者在失败后不可避免地要承担两类成本：心理成本和财务成本，也就是压抑、沮丧的精神状态和一身债务。如果只是这两类失败成本还好说，毕竟精神状态可以逐步调整，债务也能想办法一点点还清，但这些只是“显性成本”。

一旦创业者选择逃避，不敢提及失败，不敢反思失败，而是像鸵鸟一样将头埋入沙子中，装作什么也没发生，就需要面对三种严重后果：

- 一是要面对额外的风险成本，比如个人品牌的贬值和个人信用的丧失。
- 二是要面对高昂的机会成本，白白错失潜在的反败机会。
- 三是逃避本身最终会演变为一种无形的压力，如果处理不当，就会把整个人压垮。

我把因为逃避失败而产生的各种后续成本统称为**逃避成**

本。显然，这是一种隐藏得更深、危害更大的“隐性成本”。失败后，如果你选择逃避，那么除了初期的心理成本和财务成本之外，还要面对后期的逃避成本。所以，败了也别逃避，这样，至少你不会给自己徒增各种隐性成本。由此可以总结出一个简单的失败成本公式：

失败成本＝心理成本＋财务成本＋逃避成本

把失败当作机会，就是价值逻辑的核心。

古往今来，有所成就者都深知失败才是取得进步的最大机会，他们失败时也会感到痛苦，但会想尽办法从失败中“榨取”未来可用的反败资本，让失败变得更有价值，这就是价值逻辑的体现。2012 年褚橙上市时，褚时健已经 85 岁高龄。褚时健说：“一个人，别人把你打倒了不要紧，总有事情是自己控制不了的，但是自己不要把自己打倒，不然就真的彻底倒了，翻不了身。”任正非在谈到失败时说：“10 年来我天天思考的都是失败，对成功视而不见……”

2021 年 9 月 12 日，2021 届美国 NBA 篮球名人堂入选仪式举行，随迈阿密热火队两夺 NBA 总冠军的克里斯·波什在入选感言环节谈到了从科比身上学到的一课：“那是 2008 年，我们在拉斯维加斯备战北京奥运会。在训练的首日，我想承担起年轻一代的责任，就早早下楼训练。但当我到球馆时，科比已经在那儿了，膝盖上敷着冰袋，满头大汗，这是队里唯一一个比我早起的家伙，而且他已经练完了。他明明前几天才刚打完总决赛，并且经历了总决赛失利，而我已经休息了个把月，有精力训练。这让我懂得了一个无法忘却的道理——传奇不是由他们的成功来定义的，而是由他们如何从失败中反弹来诠释的。”

失败是成本还是资本，只取决于你怎么看它。在价值逻辑下，失败是这样的：

- 失败像个人，你敬它一尺，它就还你一丈。
- 失败似本书，你不开卷就是废纸，你去学习就是知识。
- 失败是口矿，你不挖掘都是废石，你去开采全是宝藏。

缺乏“求真逻辑”：热衷分析表层原因，而非深挖背后真正原因

2018 年深冬，一个寒风凛冽的午后，我在中关村一家知名孵化器，花了整整 6 个小时访谈一家初创企业的三位合伙人。这是一家烧光了 600 万元融资，经历了两次失败，正在尝试第三次转型的科技创业企业，当时刚完成 Pre-A 轮融资，虽历经艰辛但还活着。访谈主题很明确，就是前几次失败的背后究竟发生了什么，以及他们是如何从上一次失败中走出来的。随着访谈的深入，我发现合伙人对失败原因的看法存在重大分歧。公司 CTO 根本不承认失败了，创始人兼 CEO

则坦承就是失败了。还好两人没现场吵起来，否则会让人很难堪。

面临生死存亡，谁都不轻松，但我完全没料到，三位合伙人对失败原因的总结完全不同。试想，一个对失败原因的看法都不一致的初创企业，如何拧成一股绳去实现反败？随后的两周，我一直被这个问题困扰着，直到在另一次访谈时遇到相同情况，我才猛然意识到，这本就是常态，而非偶然事件：一家公司如果只停留在对失败原因的浅层次分析上，必定会导致合伙人对失败原因的看法不一致。

·认知的深浅关乎成败·

一次创业失败了，不止局中人，甚至局外人都会帮你分析出一堆原因：战略短视、方向跑偏、需求分析错误、定位不准、产品研发或推广失败、团队不给力、股权结构不当、资金链断裂、管理不善、投资人苛刻、恶意竞争、负面消息多、缺乏耐心、眼高手低、政策突变等。我把这些原因称为"碎片化原因"，每个人都能总结出一堆，但异常零碎。然而，看多了、听多了之后，我开始厌倦这种浅层次的探究：看上去头头是道，实则浮于表面。千人千面，千企千况，每个人总结的原因只是一个侧面——这样的分析，我们无法还原失败的真相，更难挖掘失败的真正原因。

故事背后总有故事，挖出表层原因背后的真正原因，是"求真逻辑"的核心。

医生在看病时有两种治疗思路：一种叫"对症治疗"，头痛医头，脚痛医脚；另一种叫"对因治疗"，找到病因根治。显然，大多数患者会选择对症治疗，比如发烧了就赶紧降温，但事实上病因可能是细菌感染。在发烧好转后，患者也就忘了要追查病因，不会从根本上去治疗，直到再次发烧。

创业者对失败原因的浅层次分析，恰恰跟对症治疗一样，许多创业大佬在无意间都犯过这种错误。

史玉柱当年想要盖全国最高楼——巨人大厦（从 38 层

加高到 70 层)，致使公司资金链断裂。1997 年大厦停工，他负债 2.5 亿元，创业英雄瞬间跌落神坛。他说：“那时候我主要的思路还是想挽救巨人，以为巨人就是资金链问题，那我就找人来入股巨人。当时我们测算，只要有 5000 万元就够了……”后来他发现，根本不是 5000 万元的事。

跳出对失败原因的浅层次分析，深挖背后的真正原因，从对症治疗升级到对因治疗，就是“求真逻辑”的体现。

缺乏“自省逻辑”：把失败归因于外界，而不审视自己

每当经营业绩下滑，就会有一堆公司的创始人跳出来说是受宏观经济形势不利因素的影响。于是，宏观经济形势成为“千年背锅侠”。

为什么在宏观经济形势不利时，仍有企业能逆势而进，甚至做到上市？为什么在资本市场寒冬来临时，仍有企业能不靠融资照样存活壮大？

这就是创业者的一种旧逻辑：习惯于眼睛向外看，把失败归咎于外部环境或其他人，希望通过外部环境或其他人的改变来拯救自己，而不是把“解剖刀”对着自己，通过自省寻找失败根源。事实上，不只是创业者如此，对于失败，历来研究外在因素者众，研究内在因素者寡。

所有失败，归根结底都是创始人自身的失败。我认识的一位连续创业者，每次都会跟合伙人闹到反目的境地，甚至数次撕破脸皮闹上法庭。但他始终不认为是自己有问题，而一直归咎于合伙人。正因为如此，他每次的创业轨迹都出奇相似，到了一定阶段就遭遇瓶颈，紧接着就上演内斗。

不用多举例，我们都明白自省逻辑的内涵：点儿背不能只怪外部，也得怪自己；反败不能靠别人，只能靠自己。既然我们无法用外力扭转行业现状，那么改变只能从内部做起。创业者唯有从眼睛向外看转变为眼睛向内看，方能建立自省逻辑，通过改变自己来实现反败。

说一千道一万，只要被上面的三种旧逻辑锁死，你离失败的真相就越来越远，而离灾难越来越近。当用尽办法却发现自己无力反败时，你就必须跳离原来的层面，来到更高一层俯视曾经的自己，建立一套新的反败逻辑。

- 把失败当作价值来源，从失败中寻找使自己更强大的机会，即“**价值逻辑**”。
- 用“对因治疗”的思路深挖失败背后的底层逻辑，跳出表面现象，即“**求真逻辑**”。
- 用自省思路从自己身上寻找败因，改变自己，实现反败，即“**自省逻辑**”。

这三者合起来就可生成一种新的反败逻辑，那就是积累自己的“反败资本”。

什么是“资本”？从表面看，失败对创业者而言是消耗和成本，是“失”，但从失败中可以榨取反败的经验、知识、心智等无形资产，为日后反败提供可能，如此看来，失败亦是资本，是“得”。失败究竟是资本还是成本，蕴含着一种辩证关系：你若认为它是“得”，它就是资本；你若认为它是“失”，它就是成本。

成本和资本之间的转换关系如此微妙，让我忍不住画了一张图（见图 1-1）。

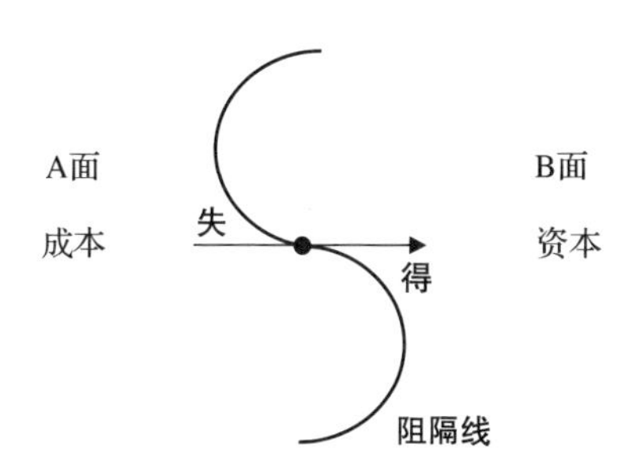

图 1-1　失败 A-B 面：成本与资本转换

图中的 S 曲线是一条阻隔线，左侧（A 面）是成本区，右侧（B 面）是资本区。我们可以这样理解这张图：在一定的条件下，创业者突破了阻隔线，此时失败的成本就可以转化为资本，这就是反败资本。从左侧的成本区努力穿越阻隔线，到达资本区。积累自己的反败资本，是创业者的一项永恒任务。

我们缺的不是反败，而是一种新的反败逻辑。下一节我们将领略反败资本的奇妙之处，看看高手是怎么获得这种资本的。

高手过招，拼的是反败资本

2019 年夏天，电影《哪吒之魔童降世》（以下简称“《哪吒》”）突然爆红，以超过 50 亿元的票房成绩登上中国电影史票房第二名的宝座，人们万万没料到，一部国产动画片能打败无数大制作电影，成为口碑和票房双赢的爆款大片。

但让我震惊的，不是它的票房有多高，而是它有一群特殊观众——很多创业者去看这部电影。从电影院出来，他们一个个走路带风、眼中放光，有人甚至连看几遍。

这不禁让我想起 2018 年上映的一部专门记录创业者的电影《燃点》。当时，这部电影声势不小，不过略显尴尬的是，很多创业者并不太爱看这部反映自己真实状态的片子。有个创业者在微信朋友圈如此点评，“人生已多风雨，创业已多苦楚，别再跟我提创业的苦”。

创业者爱看《哪吒》，不爱看《燃点》，为什么？

《燃点》会让人哭，会戳到心中痛点，让创业者暗自神伤；《哪吒》会让人哭了之后笑，心中充满力量。这就是两部电影最大的区别所在。

轰轰烈烈的“大众创业”走到今天，早已不再是用 PPT 包装某个概念就能融到资、估值动辄翻数番的运动式阶段，“钱多人傻速来”的时代一去不返。2019 年 WeWork 放弃首次公开募股（Initial Public Offering，IPO），估值暴跌（从 470 亿美元跌到 79 亿美元），像是在宣告一个非理性时代的终结。当下的创业正在回归理性和深度专业化，资本方愈加谨慎，产品和技术迭代越来越快，企业的生命周期大幅缩短，市场对创业者变得愈加苛刻：要么做大，要么出局；有钱则维持，没钱就散伙。结果可想而知，大批创业者铩羽而归。

与之相伴的，是整个创业圈血雨腥风式的“大洗牌”，不靠谱的投资人、不专业的孵化器、不垂直的媒体、不落地的政策等，纷纷被“挤出”、淘汰……

这样的画面是不是有些令人不忍直视？其实，这才是创业生存的真实情景，这就是残酷的创业江湖。

在一片哀鸿遍野中，创业者真正需要的是什么？创业者不再需要旁人简单地“懂”他们的苦或给予毫无意义的“怜悯”，他们真正需要的是让伤口快速愈合，像影片中的哪吒一样“逆天而行斗到底”，让自己拥有在困境中再次站起来的强大力量和理性思维。

《哪吒》的导演饺子，就是一个“逆天而行斗到底”的励志青年。

饺子是个从小梦想当漫画家的小城青年。然而，他只长了一副“路人甲”的相貌，有着再一般不过的家境，学了一个自己并不喜欢的药学专业。上天早已把他的人生之路设计好了——去医院里当一名普通药剂师，这条路上没有太多波折，但也谈不上什么精彩。

大三时，饺子的同学向他推荐了一款三维设计软件，他在自学后发现，可以用这款软件制作动画卖给广告公司，“这样就能赚钱养活自己了”。从那时起，饺子开始转行，过程极为艰苦，“别人对我有很多偏见，觉得转行肯定是错误的决定，我基本上是一直孤独地走在非常坎坷的道路上”。

折腾了三年半后，饺子的动画短片《打，打个大西瓜》获柏林国际短片电影节评委会特别奖。然而，命运没有给他太多机会，市场对动画的偏见让一直在追梦路上坚持的饺子备受挫折；生活也没有太大起色，那几年他还被人骗过，只能靠接商业拍摄和外包项目养活自己。

一个偶然的机会，时任光线影业旗下彩条屋影业CEO

的易巧看到了《打，打个大西瓜》，深感震撼，于是立即找到饺子。双方一拍即合，选定不认命的“哪吒”作为新电影主题。之后，《哪吒》的剧本两年内被修改了66次，最初版本的5000个镜头改了2000多个（把分镜师折磨“疯”了），先后有60多个制作团队的共1600多位制作人员参与，历时3年才完成制作。饺子更是一人身兼数职，从剧本写作到影片制作，从美工到特效、表演，他说，“一直是这样，死磕着走到现在，最后能够完成，我觉得也算是一个奇迹了。我记不住哪个是最难的，整个过程就是一个炼狱”。

虽然有太多不可言说的艰辛成就了这部爆款大片，但背后的逻辑却异常简单：**饺子自己经历过多少磨难，《哪吒》就有多少底气。**

这就是饺子积累的反败资本。

如果把饺子比作一个武林高手，12年的隐忍与死磕虽然看上去悄无声息，其实他是在一次次的失败中蓄积力量，在一次次的打击中锤炼心智，不断提升自己的“内功”。不止饺子，你有没有发现，很多高手也都曾悄无声息地在失败中隐忍数年，最后放出大招，东山再起。雷军如此，王兴如此，张一鸣如此，马斯克亦如此……这一点儿也不让人惊讶，是他们积累的反败资本让他们在合适的时间点爆发。

高手，就是那帮视失败如命的人。

有人会说，这些人成功是他们运气好。不可否认，运气会发挥神奇的作用，但所有运气的背后，是你的实力是否到位，你的反败资本是否足够。试想，“内功”修炼到一定境界，又抓住了一个合适的时机，像饺子这样的人想不一战封神都难。

当然，还有一类“超人”创业者，看上去从来不会失败，比如连续三次创业、三次成功的庄辰超（去哪儿网创始人）。但千万不要被这种表象蒙蔽了，他同样需要积累反败资本，只是他积累的速度更快，不用隐忍 12 年才爆发而已。

有人会问：“我也历经过无数大小挫折、失败，但为什么始终没有爆发？”

因为你没有积累足够的反败资本。

让我们先来看看什么是反败资本。钱能生钱，这个钱就是金融资本。人才会给企业创造价值，这些人就是人力资本。凡是能给你创造新价值的东西，你都可以把它们看作一种资本。既然失败中蕴含着创业者翻盘所需的知识、经验、心智等价值，失败就可以被看作一种资本。

但注意，失败并非天然就是资本，你必须向失败学习，善于从中“榨取”有价值的东西。不经历刻意和痛苦的学习，失败永远只是成本。而向失败学习，绝非坐在教室里安静地读书那么简单，学习的方式多种多样，有的方式甚至还有危险性。

1997 年，巨人集团解体，史玉柱承受着经济和心理上的双重打击，苦闷不已。在将自己关在房间里很久之后，他决定出去走走，最终和三个部下去爬了一次珠穆朗玛峰——这是他一直以来的梦想。在海拔 6000 米处，他和同伴迷路了，剩下的氧气也不多了。史玉柱回忆说：“那时候天就要黑了，在零下二三十摄氏度的冰川里，如果等到明天肯定要被冻死。”好在最终救援队及时赶到，他们死里逃生。这次遇险让史玉柱重拾勇气再次创业。再次创业时，他少了过去的狂热、亢奋和浮躁，多了一份沉稳、坚忍和执着，最终人生实现大逆转。

史玉柱依靠他称之为“寻路之旅”的珠峰行走出了心理低谷，重拾创业勇气，并改变了自己的行为模式，这是他反思失败后获得的收益，而他为此投入的时间、金钱以及爬珠峰时的那次遇险等就是失败学习的成本。这两者之间有个差额，用公式表达就是

反败资本 = 失败学习收益 − 失败学习成本

所谓反败资本，是创业者运用一系列方法向失败学习，从中获取的收益和付出的成本之间的差额，也就是从失败中“榨取”的新价值，这个差额越大，反败资本越高。

也许有人会说，有几个人能做到像史玉柱那样厉害的反败。我想说的是，反败有大有小，但积累反败资本，对所有试图反败的人来说都一样重要和公平。

还有人会说，失败后死扛那么久，如果没有结果呢？饺子也曾问过自己这个问题，最后他的回答是："要与生活作战，与诱惑作战，与压力作战，与自我作战……其实我已经得到了很多。创作一部作品的过程是独一无二的。"关注过程，忘掉结果，积累资本，等待机会，这就是饺子的答案。当你一无所有时，只能从失败中汲取养分，为迎接下一次机会做好准备。这既是没有选择的选择，也是你的最优选择。

创业江湖表面上看比的是一招一式，背后拼的却是反败资本。没有积累到足够的反败资本，你就没法在江湖上折腾，也就没法去反败。这也是很多人在历经无数大小挫折、失败后，却没有像饺子一样爆发的原因——当你埋怨创业总不成功时，不妨扪心自问，自己究竟积累了多少反败资本？真的够分量去反败吗？

"善败者不亡"。高手之所以是高手，在于他们善于向失败学习，能更快更好地把成本转化成资本。他们会直击失败者的三类致命点：一是意识不到的能力短板，二是习以为常的习惯障碍，三是必须弥补的心智黑洞。

- 克服自己的能力短板，你才能做到让自己真正专业并形成壁垒。

- 清除自己的习惯障碍，你才能形成稳定的积累和持续的输出。
- 弥补自己的心智黑洞，你才能实现认知的突破和三观的更新。

能力、习惯、心智问题，正是失败后创业者要解决的三个核心问题。相应地，就会形成三类反败资本，如果用“力”来描述，就是**能力资本**（Capability Capital）、**惯力资本**（Inertia Capital）和**心力资本**（Mentality Capital）。

高手似剑客，反败资本似剑道，“三力”就是高手要修炼的三个方面。

能力资本——手中有剑　从失败中获取以前没有的、能够举一反三的经验、知识和技能，弥补自己的能力短板，并保存到创业基因库中，就是能力资本。比如，学会如何寻找止损点，懂得如何正确抗压，知道怎样维持和放大重要关系等。这很像剑客的做法，虽然比武失利，却从对手那里学到很多厉害、实用的招数，不断锤炼自己的剑法。

惯力资本——心中有剑　从失败中真正认清自己在性格和行事方式上的不足，通过一系列刻意练习打破习惯障碍，形成新的行为模式，就是惯力资本。比如，失败后彻底摆脱以前养成的拖延习惯，建立一种新的时间和精力管理模式，形成高效的行为模式等。这就像剑客从上次失利中发现自己出招有很多坏习惯和小瑕疵，通过刻意练习改变用剑习惯，从而让自己终身受益。

心力资本——人剑合一 从失败中发现心智黑洞，突破原有认知思维的限制，提升看待事物的洞察力和认知世界的格局，形成长期正向的价值观，就是心力资本。比如，心怀"善念"，坚守"正念"就是一种心力资本。古往今来，有些企业家靠钻空子、打擦边球走到商业巅峰，但因没有坚持善念，最后，商业帝国瞬间坍塌。《神雕侠侣》中说"重剑无锋，大巧不工"，意即真正的剑技并不依靠剑锋，一个人修行到一定程度，草木竹虫皆可为兵器，出手制敌一气呵成，甚至不战而胜。

反败资本的三个方面，即便是一名高手，也需要穷尽一生去修炼。能力、惯力、心力"三力"合一，即为反败三角。图 1-2 是反败三角雷达图示例。为方便理解，我们将图中相邻两层的间距设定为 5 分，并选取一名"三力"均为 8 分的创业者的例子示例。每个创业者都有一个属于自己的反败三角，就是图中的深色三角形。这个三角代表了可以让你反败的终极合力，是让你爆发的"小宇宙"。高手间的比拼，就是反败三角的边长和面积的较量，边长比的是单个力的极限，面积拼的是三个力的合力。显而易见，最完美的状态是"三力"最强且均衡，即最外层的三角形的面积。

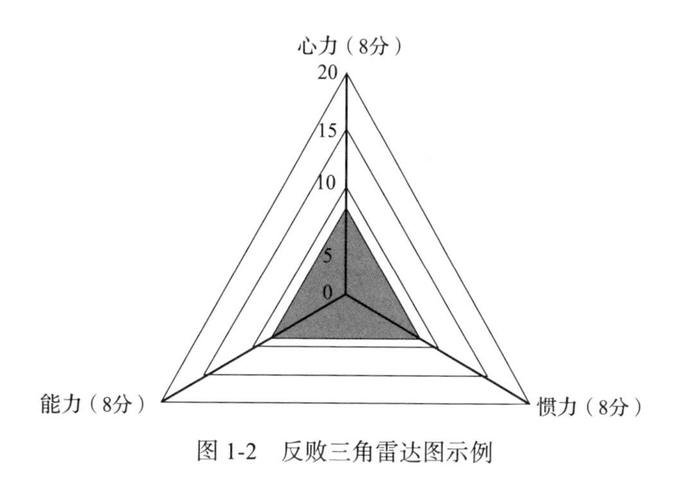

图 1-2　反败三角雷达图示例

要从失败的至暗中看到反败的光明，只有一条路可走：积累反败资本。反败不成，最大的原因就是你的反败资本积累得还不够。

打掉劣质心理

荣格在《分析心理学中的善与恶》一文中写道：“让一个人面对自身的阴暗就等于向他展示自身光明的一面。有过几番站在两者对立之间做出抉择的体验之后，人就开始理解自身的意义。”

败了就败了，不是什么大事。然而，有的人死不认败，有的人自哀自怜。其实，越不认败，越会接着败，形成恶性循环，这就是失败后的劣质心理。

我们都不是“唯一失败的那个人”，有太多同样经历失败的人就在我们身边，只不过，他们看上去风轻云淡，全无败象，因为这些人有两样独特的心理“武器”：一是敢于认败，二是决不服败。

2019 年春节后，我想约一位在创业的好友聊聊，便兴致勃勃地发微信邀请她。

她回复得很快，内容却令人失望，“我刚创业失败，都是辛酸泪，需要一段时间平复心情，还是暂时别聊了……”刹那间我想起她创业第一年公司热火朝天的景象，不胜唏嘘。还有一次，我通过中间人约了一位人工智能领域的创业者，他在得知要聊创业失败的话题后便离开了——当然他很给我面子，不痛不痒地聊了 10 分钟后才借故走了。

失败是一种刻在心里的伤疤。面对失败，大多数创业者下意识的第一反应就是逃避，当然不同创业者的“逃相”各不相同。总结一下，大致有六种。

- 鸵鸟型：失败了就躲起来，不愿见人，更不愿谈创业。
- 瞎忙型：不反思上一次失败，就紧接着干下一件事。
- 蒙眼型：刻意忽略失败，假装根本没失败。
- 错觉型：不觉得自己失败了，反倒认为成功了。
- 遗忘型：慢慢总结，但总结着总结着就忘了。

- 怨妇型：没意识到失败是自己的问题，只会埋怨他人和外部环境。

其实，创业者最大的失败不是失败本身，而是逃避失败。

逃避不能解决任何问题，唯有面对，方能赢得转机。认败不仅是承认失败，更是敬畏失败。我曾跟一位科技创业公司合伙人连续聊了三个小时，他金句连连，但最后来了一句：“我没觉得自己败了啊！是小伙伴不行，我才主动离开另起炉灶的。”实际情况是，他担任产品经理的几个项目一败再败，最后导致公司不得不关门，清算时一地鸡毛。

逃避：自己都嫌弃自己

没错，站在哲学层面，我们可以大声宣称："创业者没有失败！"我深知这位创业者有一颗奋斗的心，但他没有从心底尊重创业，更谈不上积累反败资本了。

认败是一种对自己的理性判断，是反败的起点。

输赢不是一次博弈，创业需要连续不断地做出判断。只有在一次次的试错中，我们才能不断确认、调整和优化预判，然后继续博弈。不直面失败，就相当于主动放弃了连续判断和不断修正的机会。更重要的是，创业的连续判断和不断修正必须是长期的，这只能在多次试错和与之相伴的失败中达成。

毫无疑问，创业者需要坚持长期主义的理念。什么是"长期"？《异类》的作者马尔科姆·格拉德威尔说，人们眼中的天才之所以卓越非凡，并非天资超人一等，而是付出了持续不断的努力，只要经过1万小时的锤炼，任何人都能从平凡变成超凡。这个1万小时就是"长期"的一把尺子。

然而，对创业者来说，1万小时还不够。创业者每天的24小时，包括睡觉在内，都是在锤炼和进化自己。《创业维艰》的作者本·霍洛维茨在书中写道："在担任CEO的8年多时间里，只有3天是顺境，剩下的8年几乎全是举步维艰。"

在这8年中，霍洛维茨这个被称为"互联网传奇"的人物，整天都在逆境中挣扎，亲历了互联网泡沫的破裂，经历了资金告罄、合约告吹的困境，承受着客户吐槽产品并要求在最后期限即将到来之时改进产品的压力，面临对手疯狂的竞争和审计公司不合作的生硬态度，面对公司持续裁员的窘境……他经历过无数个生不如死的夜晚，反复锤炼远超1万小时，最终让自己成为一名合格的CEO，并在8年后以16亿美元的高价将其创立的Opsware公司出售给惠普。

敢于认败的人，都要经历内心的剧烈挣扎和说服自己的过程，这是积累反败资本要闯的第一道难关。

有一位叫罗勇林的“90后”，是千万普通创业者中的一员。他在大一时就开始创业，第一个学期先后做了3个项目，均失败了。2015年，他又和小伙伴做了一款名叫“聘爱”的校园恋爱App。在App上线后的4个月期间，他们约见了30多个投资人，但都遭到无情打击，罗勇林团队陷入绝境。经过痛苦挣扎，罗勇林选择放弃这个创业项目。

随后，他反思数周，写了一篇名为《“90后”大学生创业失败案例》的文章，其中有这样一段话：“或许有人认为创业失败很丢人，但是如果我不敢说出来，我会觉得更丢人。这些年看了那么多失败案例，这回终于轮到我们了……哈哈！”

这真是一种乐观主动的认败，一种放得下的人生哲学。

认败也分高中低三个层次：最低的是心里认败，嘴上死硬；中间的是心里认败，嘴上也认；最高的是主动向他人谈及自己的失败，并主动寻找败因。

主动寻找错误和认败，是一种至高境界。

有一年的巴菲特股东大会上，有人问芒格，对他来说最重要的是什么。芒格回答：失败。他总是拼命地想要搞清楚失败在哪里，然后努力躲开它。

芒格做到了认败的最高境界——主动寻找败因。

真格基金创始人徐小平在2018年真格学院成立一周年仪式上坦承，真格基金成立7年的时间中犯过很多错误，“错误很多，我都不好意思说”。当天在座的李一帆（禾赛科技CEO）就与他犯的“错误”有关。徐小平这样回忆道：“我们和李一帆在斯坦福就见面了。一群才华横溢的斯坦福博士，但是他们当时的模式确实不行……但强调‘投人’的我们，恰恰忽略了这个团队是最值得投资的对象，而过度计较他们的模式。结果经过这几个合伙人的执着努力、反复探索，禾赛科技现在成了自动驾驶领域里最优秀的企业之一。最后我们等到2015年才投了进去。”

徐小平为什么会主动公开分享这个错误呢？在他看来，再优秀的投资人也会被许多东西蒙蔽——不仅创业者要认败，投资人更要认败，因为投资成功和创业成功一样罕见。

当然，光认败不足以反败，创业者还要不服败。认败，你就不会偏执；但只有不服败，你才有那股劲儿去翻盘。

是否敢再战，核心是看一个人自我效能感的高低。

什么是自我效能感？简单地说，自我效能感就是个人对完成某项工作能力的主观评估。如果你认为自己有能力完成某项工作，自我效能感就高；反之，你认为能力不足以完成某项工作，自我效能感就低。自我效能感的高低，会直接影响你做这件事的动机。

为什么创业失败这么惨，仍有人不信邪想从头再来？就因为他们的自我效能感一直保持在高位，有一种输得起、敢重来的精气神。被称为“钢铁侠”的埃隆·马斯克便是其中的代表。

马斯克在2008年遇到前所未有的危机。与第一任妻子离婚后，他遭到媒体和前妻狠狠的羞辱，而且，“猎鹰1号”火箭连续三次发射失败。此时，SpaceX和特斯拉两家公司面临严重的财务危机，马斯克个人破产了，不得不靠向亲戚朋友借钱、卖房卖车、在二级市场卖出股票等方式勉强维持公司运转，借钱给他的人包括做电影制片人的亲姐姐、Google的创始人、eBay的CEO等。这笔钱帮SpaceX渡过了难关，成功进行了“猎鹰1号”的第四次发射。

不服败绝不是情绪亢奋的盲目猛冲，而是理性思考和再

次创业冲动恰到好处的结合。仅有理性思考而缺乏激情和勇气，你很可能不敢再创业；只想再次创业证明自己而不善于反思，很可能让你在冲动中再次跌入谷底。

易到用车创始人周航在某个场合公开讲到自己对失败的认知，“失败就是创业的一种宿命，是一种不可避免的东西，既然不可避免，我们学习失败的目的首先是面对失败、接受失败、解决失败、放下失败……我们咀嚼过去、舔舐伤口的目的是对世界、商业、人生有一个全新理解”。说了这话后几天，周航离开易到用车加盟顺为资本。后来，在亚布力峰会上，周航说自己不会再回到易到用车，未来会在一个热爱的领域再次创业。

周航在失败后，不仅冷静反思自己，而且仍葆有一颗继续创业的心，自我效能感在反思和激情中持续升级。所以，不服败就是三位一体的完美结合：

- 再次创业的冲动。
- 理性反思的自信。
- 愈挫愈勇的坚持。

没有失败的创业，才是真正的失败；没有直面失败的勇气，更是失败中的失败，因为你放弃了反败的唯一机会。打掉劣质心理，你就能看清反败充满生机的前路。

看透创业反败曲线

人们以为的成功是一马平川的直线（见图 1-3a），真实的成功却是一条九曲十八弯的折线（见图 1-3b）。这九曲十八弯就是你绕不过去的反败历练。大大小小的反败成就创业的无限可能，很像唐僧师徒闯过九九八十一难后最终取得真经。

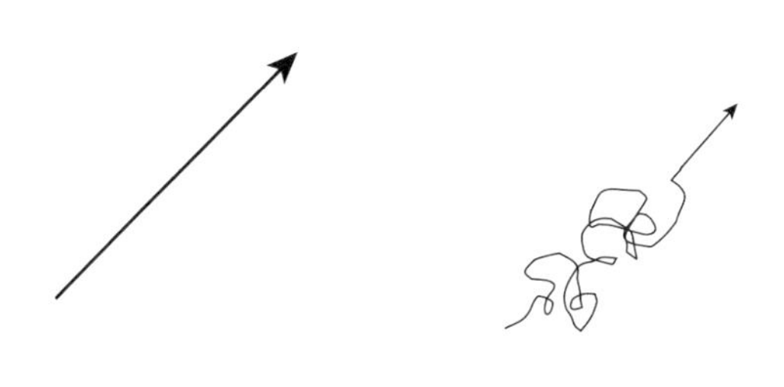

a）人们以为的成功　　　　b）真实的成功

图 1-3　人们以为的成功和真实的成功

反败是个循环往复的过程，是“失败→反败→新的失败→新的反败……”波浪式前进、螺旋式上升的曲折进程。虽然你很难跨越它的周期，却能缩短它的周期，加速积累反败资本——前提是，你要看透创业反败曲线。

看透属于自己的反败曲线，你就抓住了反败的关键。

在访谈了近百位创业失败者、连续 5 年近距离跟踪和贴身观察创业的基础上，我们总结出了反败曲线（见图 1-4）。

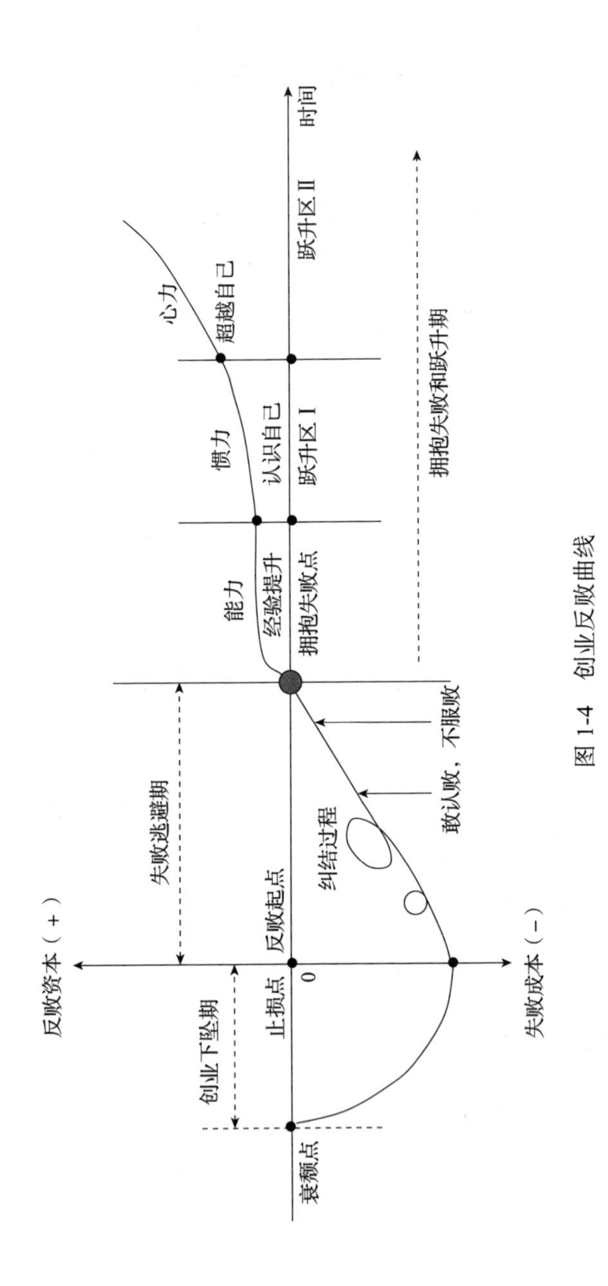
反败资本（+）
失败成本（-）
时间
衰颓点
创业下坠期
止损点
0
反败起点
失败逃避期
纠结过程
敢认败，不服败
能力
经验提升
拥抱失败点
惯力
认识自己
跃升区 I
心力
超越自己
跃升区 II
拥抱失败和跃升期

图 1-4 创业反败曲线

图中，横坐标是时间，表示创业反败的全程；纵坐标从原点向上部分是反败资本，向下部分是失败成本。这样绘制的好处是能把失败成本和反败资本放在一个平面内解读。

创业者可以用这张图来诊断自己失败后的心路历程和反败过程。**提前知道反败全程的价值在于，能让自己跳出大量认知的“梗阻点”，做到心中有数。**

创业的失败和反败过程都不是瞬间完成的，而是逐渐发生的。大致分为三个时期：先是创业下坠期，会出现止损决策；紧跟着是失败逃避期，进入至暗时刻；最后进入拥抱失败和跃升期，踏上充满生机的前路。

创业下坠期：危机降临

在彻底失败前，创业者会经历一个“创业下坠期”。从创业出现衰颓之势开始，创业者的心理和财务成本迅速上升，直到最后决定关门止损，成本达到最高。这既是止损点，同时也是反败起点。

失败逃避期：至暗时刻

在创业失败后，创业者会觉得羞愧、难堪、自责、怀疑，心理落差巨大。他们都要经历一个不可避免的阶段：逃避阶段。只不过不同的人需要的时间长短不同，有的人永远无法跨过这个阶段，有的人只需要很短的时间就能走完。但不论是谁，都会经历难以言说的心路坎坷和痛苦蜕变，“煎熬”和“纠结”是其间的两个关键词。

创业者说

一位在线教育的创业者在项目经历几次转型但仍然遭遇失败后说：“我陷入了强烈的自我怀疑，勇猛的意志完全消退了。我就像一个干瘪的气球，还有洞，怎么吹也吹不起来……那时的我在外表上还要竭力保持镇定。”

经过一段时间的心理低谷期后，创业者的情绪逐步恢复，开始由逃避失败转为直面和反思失败。迈过这道坎，需要两个前提：敢认败，不服败。

在这个过程中，心理收益会逐步增加，渐渐抵消原来的心理成本。所以，这个阶段的曲线总体上会向右上方延伸，当然它并不是一路向上的，因为创业者的心理起伏和内心煎熬不会快速消失，而是反复纠结。就像坐过山车一样忽上忽下、跌宕起伏，在情绪的大起大落中缓慢但坚定地回归。

创业者说

还是上面那位创业者，在挽救公司失败后又回学校上学了。冷静了一段时间之后，她写了一段话：“真正剖析下来，又感觉到一股能量，我内心现在是充满温暖的，有蛮多能力……那个时候的自己也被过度否定了。回头看那时的自己好像再回看一个朋友，我开始接受她了。虽然现在我还不能完全地包容和接纳甚至肯定那时的自己，不过这个过程正在发生。”

拥抱失败和跃升期：冰点暖融

经过了逃避阶段，创业者会来到反败的第一个临界点——“拥抱失败点”。这是成败转换的第一个关键点，跨过了这个点才真正进入跃升和反败阶段。

在这个关键点上的创业者，就是要不断积累自己的反败资本：进化能力、重塑惯力、修炼心力。进化能力是升级你的“弹药库”，重塑惯力是向自己狠狠“开刀”，修炼心力则是超越自己。这三个力由低到高逐渐提升，中间的窗户纸需要逐层捅破。当然，不是所有创业者都能走完全程，有的创业者也许一生只能走完一个阶段，也有的创业者可能永远处在这个阶段而没有跃升。但这并不妨碍他最终反败为胜，因为，并不是每个创业者都必须把这三力积累到位，才能实现反败。

创业的坑无处不在。我们是人，人性的局限也是创业路上的“坑”。**反败资本的三力就是在跟人性的局限对抗，用积累的资本帮你避开这些“坑”，这是何其伟大的“反人性”的努力！**你只有“反人性”，才能缩短反败周期，真正快速积累自己的反败资本。

02

第二章

进化你的能力

我只想知道将来我会死在什么地方，
这样我就不去那儿了。
——芒格

醒悟力：你的经历绝不等于能力

前不久听到一个坏消息，从1996年就开始创业的一位资深“老炮儿”的创业项目又失败了，这已是他的第四次创业。作为见证他一路打拼过来的好友，我发现他每次创业失败的情形都差不多，上次怎么败，这次还怎么败。不得不说，这哥们儿是一位充满激情、耐力超强的创业者，但他很难称得上是优秀创业者，因为他身上始终欠缺一种叫作“醒悟力”的东西。

醒悟力是什么？

醒悟力就是创业者在失败后，洞悉失败真正原因和认识自身不足的速度和深度。有的人以为自己什么都知道却一辈子都无法正确认知自我，有的人则因为一件小事就幡然醒悟。有的人一辈子都在犯同样的错误，有的人却能在失败后迅速总结原因，绝不会再次掉进同一个坑里——这就是醒悟力高低的差别。

醒悟力的核心是要自知。

自知，就是正确认识自己，知道自己有的和没有的。然而，自知又是那么难。有太多的连续创业者看上去资历颇深、头衔一堆，如果深入接触，你会发现他们可以分成完全不同的两类人：第一类永远在一个水平线上徘徊，不断陷入“创业－失败－再创业－再失败”的怪圈；第二类则在每次创业失败后都疯涨能力和经验值，最终成功翻盘。我们当然不能简单地将第一类连续创业者定义为失败者，他们持久的耐力和不服输的劲头让人打心眼里佩服。但经历绝不等于能力，就像很多长辈总爱挂在嘴边的一句话——“我吃过的盐比你吃过的饭都多，我走过的桥比你走过的路都多”。年轻人往往对这种倚老卖老的话不以为然：你吃过的盐比我吃过的饭都多，那是你口味重；你走过的桥比我走过的路都多，那是我懒得动。

虽是调侃，但事实如此，如果这辈子每天都走同一座桥，这座桥上的风景看得自己都厌烦了，还有什么好说的呢？摆老资格不是说曾经做了什么，而应该是从以往的失败中发现了什么，醒悟了什么。

每个创业者在失败后都会反思并有所醒悟，但为什么同样“醒”了也“悟”了，最终结果却完全不同？**因为有的人醒得太慢，悟得太浅。**

醒得太慢，是说有的人实在没办法了才真正开始反思；有的人则防微杜渐，看到一些问题的苗头就主动快速思考——这是反思速度的区别。

悟得太浅，是说有的人浅尝辄止，不在乎是否反思到点子上；有的人则审视自己，从根子上找原因——这是反思深度的差别。

从反思的速度和深度这两个维度，可以把创业者分成四类（见图 2-1）。

图 2-1　创业者醒悟力矩阵

具有强醒悟力，是“优秀创业者”的一个重要标志，他们的反思快速而深刻。多数创业者一辈子都难以做到快速而深刻的反思。在提升反思能力过程中，“蜻蜓创业者”重点在于增强反思深度，切勿蜻蜓点水浮于表面；“慢牛创业者”的重点，则是在于加快反思速度；而“问题创业者”必须改变思维方式，既要快速主动审视自己，又要抓住问题本质。

然而，知易行难。醒悟是对过去的思维模式、行为方式的否定甚至重塑，过程很痛苦，结果就是把原来的自己彻底推翻，然后重建。

下一个问题，醒悟力有可能得到提升吗？如果能，该怎么提升醒悟力进而重塑自己？过往的失败经历，恰恰给了创业者一个提升醒悟力的绝佳机会。

在极端事件中顿悟

有些创业者极度自信，即便撞了南墙也不回头。然而，有一种方式会让他们顿悟，那就是极端事件，一错再错把自己逼到绝境，最后就会停下来并彻底改变。

有一位做智能语音识别的创业者在反思自己的失败时，在朋友圈这样写道：“自己走过了浑浑噩噩的10年……对于事情和人都是基于感性思维，而非用理性思维去分析和判断。遇事不是三思而后行，谋定而后动。倔强的个性让我做事的时候倾尽全力，即使撞到了南墙也还想再翻过去，其结果也就可想而知了！”

在一个项目上连续投了1亿元却毫无起色，实在没钱继续再投入时，他顿悟了，收手了，写下了上面这段话。

这个创业者瞬间的清醒，就是顿悟。

顿悟是人类解决问题的一种有效方式，但没有固定的章法和套路，每个人都有自己的方式。当你对某个问题百思不得其解时，某一天，也许就是在发呆，或刚踏上地铁，或醒来的一瞬间，突然“灵光一现”，找到了问题的答案。

事实上，这不是真的灵光一现，而是注意力长期有意或无意聚焦于某个问题，对问题情境中的各种关系产生了不同于以往的理解。这种理解积累到一定程度就会突破认知瓶颈，并在某个时间点突然爆发。创业者顿悟的前提条件，就是积累的经验足够多。见得越多、识得越广、思考越勤，顿悟速度就越快。就像面对一个从未见过的象棋残局，新手要经过数十次甚至数百次的尝试方能破解，而大师很快就能找出破解方法。

经他人点拨领悟

不是每个人都会在身处绝境时顿悟，也不是每个人都会在身处绝境时真正去反思和学习。这个时候，其他人的点拨也许会让你幡然醒悟。

2019 年有一部网络都市剧《青春斗》，其中一个叫于慧的要强女孩，正踌躇满志地等待自己的电影上映，投资方却突然撤资，结果自己欠下很多债。为逃避追债，她只身一人来到深圳，住着每天 60 元租金的房子，几乎崩溃。

后来她到一家公司打工，认识了人脉非常广的菲姐。菲姐对于慧一直爱答不理，于慧一忍再忍。后来于慧低三下四地求菲姐引荐投资人，帮自己继续拍电影，没想到菲姐依然不给面子。于慧在碰了一鼻子灰打算抬脚走人时，菲姐说："这么点委屈就受不了了？做人做事，不要太急功近利。"她不经意的一句话，道出了于慧屡屡创业失败的根源。于慧听后幡然醒悟，自己多次失败，就是因为太急功近利！

道破天机的，也许不是自己的冥思苦想，而是外人不经意的一句话。但这有一个前提，就是自己要有开放的心态。不少创业者失败后，很长一段时间不愿与外界接触，虽然这不失为一个自我反思的好机会，但他也失去了获得“一语惊醒梦中人”的良机。此外，由谁来点拨很关键——与有过同样经历的创业者，或与段位更高的创业大咖沟通是当然之选，但也不要排斥小孩的无忌童言、大妈的唠叨抱怨、好友的“补刀”调侃，他们可能会在不经意间激发你的灵感，提升你的醒悟力，当然，关键要看你有没有一颗开放的心。

通过“干中学”渐悟

学习是多数人提升自己醒悟力的路径，通过“干中学”（Learning by Doing）能让创业者对自己有全新的认识。

一位连续创业者在回顾自己的第一次创业失败时说，“我很长时间都没有从阴影中走出来，我始终觉得自己是个失败者……”然而，这次失败给他带来了另一次发展和飞跃的机会。

首先，他发现自己并没有做好创业准备，“复盘下来，对于创业这件事的成功和失败，缺乏充分的认识和心理准备。在出现正常挫败时，自我认知严重错误，自信心被打入谷底，疲于应对每日的工作，导致失去了找办法、解决问题的勇气”。

其次，通过长时间反思，这位创业者认清了自己的问题，由此“沉下心来，投入到学习和自我发展中，学会从底层做起……创业就是失败与成功交替的过程，不能自我感觉良好就膨胀。挫败后反而更能安心踏实地从底层做起，才能真正积累实力”。

自我学习中的渐悟往往需要经历较长的周期，一旦突破认知瓶颈，个人能力就会迅速上一个台阶。记住：**只有实践才是学习的最佳方式，也只有结果才是最可信赖的评判标准**。

间断性反思迭代

把问题放在一边，隔段时间再思考，往往会有灵感迸发，一下子找到问题的根源。这是一种“以慢求快”提升醒悟力的方法。一次不行，就多来几次，也许就会把问题看通透。死钻牛角尖只会禁锢自己的思维。放空头脑转移注意力，回过头再来看自己的失败，经常会有出乎意料的发现。

一位创业者在回顾自己几次失败的创业时，始终不得要领。但经过多次反思，他终于发现失败都是出于同样的原因：“……一直觉得我们将要做的个人学业能力评估系统，将来一定会大火。后来发现一开始创业时觉得一定火的东西，大多都是自己一厢情愿的想法。”很多创业者都会出现这种自己一头热、逻辑自洽却脱离市场的情况。回头再看时，才会发现当时的想法“不可思议、幼稚、不成熟”。

当人身处绝境时，只能靠自己去快速醒悟、深度醒悟，看透此前的失败。如果能做到这一点，你就已经在反败的路上迈出了关键一步，获得了巨大进步。

止损力：断臂重生

2019 年春节后，我在长沙见到一位相识多年的创业者，他是一家人工智能硬件公司的联合创始人。这家公司以技术起家，专门从新加坡和中国台湾找来技术团队，大家一个个“抛妻弃子”在长沙玩命干。

其间，我不经意聊到了创业止损，他忽然像被击中了一样，隔了好久才说了一句：“说到止损……唉，当时真不懂止损啊！”原来，从 2015 年开始，他们在一个硬件项目上前后五次投入了 1.2 亿元，历时 4 年仍不见市场效果后终于停了下来。“本来第二次砸钱进去以后就觉得有些不对劲，但心里一直是奔着成功去的，觉得不砸钱进去技术做不出来，咬咬牙就投进去了。”第三次、第四次也都是几个合伙人商量之后共同决策的，但感觉越来越不好——技术迭代看上去没任何问题，但市场就是不认。“当时的想法是，已经投了大几千万，你忽然停下来，前面的不就白投了吗？”

危机降临。市场的冷淡、士气的低落、众人的质疑，让公司很难再支撑下去，几个合伙人不得不在2019年元旦开了一次长会，最后决定“再赌一把”。于是，春节前又投了500万元，这已经是他们最后的一点“弹药”了。

然而，命运之神仍没有眷顾他们，市场依旧没有起色。万般无奈之下，几个合伙人只好低下了倔强的头颅，决定封存已开发的技术，择机再出手。

这位创业者是一位特别执着也特别感性的人，有着湖南人骨子里的那股倔强劲儿，即使在复盘这段失败历程时，他的言语间仍然充满激情，眼神里都是对改变世界的渴望。

但现实摆在面前，不认输不行。

后来，他们总结出一个原因：团队一直专注技术，以为技术好了一切都好，但市场还没培育出来，还没到市场爆发的阶段。

这当然是个不可忽略的原因，培育市场这件事，不是谁都能一扛到底的。然而，更值得反思的是：**为什么他们一直没有按下暂停键？是不知道止损，还是知道该止损却一直犹豫不决，抑或真要止损时却不知该如何操作？**

恐怕三个原因都有。

不知止损，不愿止损，不会止损，是创业者的三个通病。而这三个通病背后的核心，是创业者缺乏一种“止损力”。

什么是止损力？所谓止损力，是指创业者在遭遇困境时果断停止、迅速调整以避免更大损失的决断能力和勇气。止损时机把握得越准，止损决策越果断，止损方法越理性，止损力就越强。

止损力是创业反败的必备能力，是一种断臂求生的策略。

然而，大多数创业者对止损有一种天然的误解，认为止损就是停止创业，前期的投入会打水漂。于是，他们不敢更不愿止损，而这恰恰会丧失提升止损力的绝佳时机。

止损=重生。

相信大家都对沉没成本的概念有所了解，而接受自己的投入已经成为沉没成本的事实，才是止损的关键。很多创业者即使知道要止损，但为了不让过往的投入变成沉没成本，宁愿死扛到底，也不愿推倒重来。

为了不可回收的沉没成本而不停地跟进投资，这在经济学中被称作“追加成本”。犹豫不决、心存侥幸会让创业者不断推迟止损，增加自己的追加成本，本想减少亏损，后期损失却远远大于眼前损失……

止损力的存在，就是让创业者在不透支未来的前提下保护反败的基础，保留最大的实力和本钱进行下一次创业。坚持固然重要，但盲目坚持只是延缓死亡，而不会有重生的机会。从这个角度想，创业者也许就会释然一些。

有趣的是，创业者之所以不愿止损，除了不甘失败再搏一把的精神外，还有一个原因就是“爱面子”。创业者自尊心越强，越想向别人证明自己是对的，就越控制不住在该叫停时继续投入，追加成本就会像滚雪球一样越滚越大。这种时候，你的初心已变，偏离了创业本身，更多的是为了证明自己，挽回自己在他人心目中的形象。如果你已经落入此种心态，那就只能吸取血的教训了。

止损有两种，一种是撑不下去的被动止损，另一种是有智慧的主动止损。主动止损是“用小的损失，换大的机会”。美图秀秀创始人蔡文胜 2008 年在北京把 265 上网导航卖给谷歌，只卖了 2000 万美元。很多人说很遗憾，但他根本没理睬外界的评价，“我其实很开心……否则，我不可能去做其他事情”。卖掉 265 上网导航后，蔡文胜离开北京回到厦门，把手上那些杂七杂八的小项目统统砍掉，决心做一番大事业，后来便做出了美图秀秀，再后来把美图秀秀带到香港上市。

蔡文胜卖掉 265 上网导航就是小的止损，做美图秀秀就是换来的大机会。他站在整个创业的长周期，用更长远的眼光主动做出止损的决策。后来，蔡文胜不止一次说："人生最重要的事情就是止损，退出也是成功。"没有卖掉265上网导航的勇气，没有砍掉小项目的决心，就不可能有后来的美图秀秀。

下一个问题是：创业者该怎样设置止损点。我们也不敢轻易给出一个明确的答案，但有两大原则和四个方法可以参考。

第一原则：必须设立底线

如果亏损的底线在可承受范围之内，那就再坚持看看；一旦突破了底线并且在可预见的一段时间内没有希望翻盘，就立即止损。这个可承受范围是多方面的，有金钱和资源投入的，有团队和时间成本的，有对未来预期的，有心理情感的，还有技术层面的等因素。**设立安全底线的实质是把未来最极端的不确定性，折现到当下并逐步解决，提高成功可能性的概率优势选择。**设立的底线所覆盖的范围越宽，做的准备越充分，在面对突发情况和高度不确定性时就会越从容、越理性。

华为早在十几年前就做出了极限生存假设，预计有一天美国的先进芯片和技术不可得，于是启动了"备胎计划"。2019年5月，美国开始全力打压华为，这个曾经"以为永远不会发生的假设”成了现实。虽然这个计划付出的代价巨大，但它保证了华为在一段时期内不受外界严重影响，不会瞬间死亡。

第二原则：酌情确定止损点

除了法律和伦理道德是创业者不能触碰的禁区外，所有其他底线皆可归结为两条：一条是财务底线，另一条是心理底线。财务底线就是“以钱止损”，你的金钱和资源投入是否收到了预期效果，因为不可能无限地投入下去；心理底线就是“以情止损”，情感的负面影响也不可能一直持续下去，其中既包含个人情感，也包含团队关系等。

不同创业者的底线差异大得惊人。

有的人在出现财务指标预警（如用户数断崖式下降或销售额持续 6 个月下跌 10% 以上）时就会考虑离场，有的则在欠债太多导致公司实在难以维系时才会放弃；有的在家庭和睦受到影响（如面临离婚风险）时就会按下暂停键，有的即便妻离子散、家破人亡也不愿放弃；有的在开始厌倦创业、团队不和、激情不再时就会止损，有的则必须用事实证明自己失败后才依依不舍地离开。

用财务底线和心理底线两个指标，可以把止损分成四类（见图 2-2）。

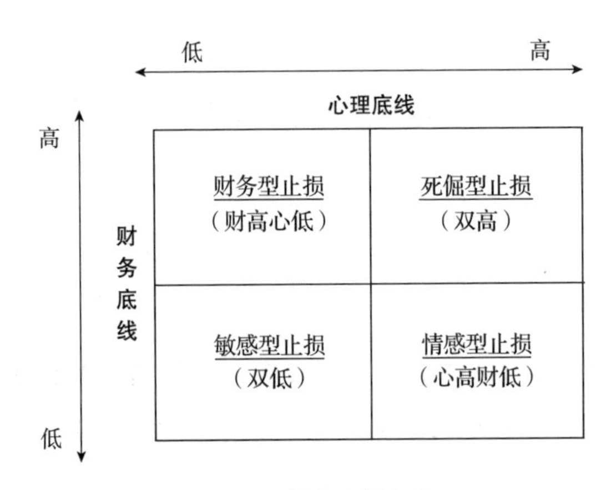

图 2-2　创业止损矩阵

在具体操作时，创业者不妨试试以下几种方法，给自己预先来个“止损体检”。

方法一：逆向设置法

有经验的创业者善于用逆向思维来处理止损点：通过反向思考预先设定好“死亡”指标，在创业过程中随时监测是否接近底线。

（1）在创业初期预设三个临界点：基础点、报警点、止损点。

基础点是创业正常运行的下限，一旦突破基础点，就进入“警报区域”。例如只有半年的资金可以用，或者有团队核心人员离职等，虽然还能撑下去，但要引起高度警惕。一旦突破了报警点，再往前就进入停止区域，比如团队严重内讧，资金耗尽后融资困难，累积的客户数量始终少于预期最低值，持续大量的技术投入却始终没有得到市场正反馈等。这是必须中断创业的上限，如果触碰这个底线，就要果断刹车（见图 2-3）。

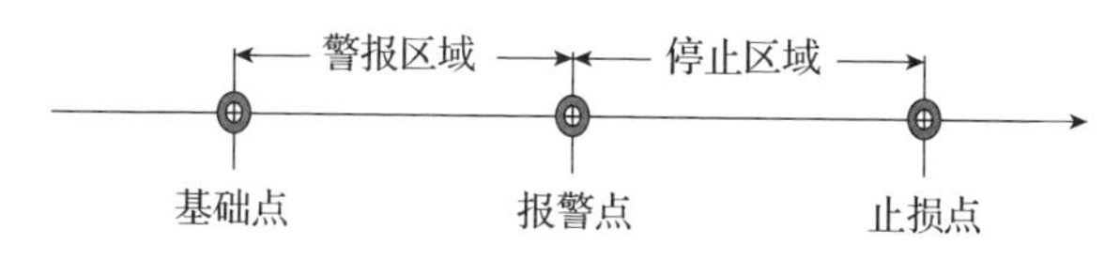

图 2-3　创业止损逆向设置法

（2）三个临界点的指标可能是财务的，也可能是心理的，或两者兼有。另外，三个临界点不是固定不变的，创业者可以根据实际情况动态调整，比如财务基础较好的创业公司财务止损点可以设置得高一点，情绪易波动、承受力差的创业者心理止损点就设置得低一些。

（3）在遭遇止损点后，要快速决策后续措施。具体选择哪种策略，取决于当时的条件以及创业者的决策风格，以下策略可供参考：

- 放弃原来的方向，探索新的方向。
- 迅速收缩业务，集中优势力量赋能核心业务。
- 停下来观望一段时间，积蓄力量择机再战。

方法二：标准化节点检查法

分阶段设置止损目标，比如按3个月或按18个月创业周期法则设置不同阶段的目标，检查每个阶段是否达到标准。如果上一个阶段没有达标，就要谨慎了。

具体的指标由创业者根据实际情况选定，如用户月活量或客户规模、销售收入、影响力……要有明确的标准，达到目标了就继续投入，并确定下一个止损点，达不到目标就要考虑止损。

方法三：时间预估法

这是指预估自己能承受的最大时间成本，以此作为设置止损点的标准。

雷军在做了天使投资人以后，发现“创业一点也不好玩……90%以上的创业公司都会死掉”。于是，他自己创业时就转换思维，“**我跟绝大部分创业者不一样的是，我在创业第一天就在想，我们的公司会怎么死**”。基于这种思维，雷军选择用时间判定整个创业的止损点。在动员别人跟他一起创业时，他会说：“我知道时间对我们每个人来说都很宝贵，你能不能信任我，给我4年时间？这中间可能会经历各种各样的艰难险阻，各种各样的坎坷，你能不能相信我4年，跟我一起干4年？如果输了，咱们就散摊儿。”

当然，还有一种极端的时间预估法，就是看你在没钱的情况下能活多久，本质上，这是一种极限压力测试，每个人的极限值不同，皆由各自把控。

方法四：S曲线指标判断法

每种技术都有它从出现到衰亡的生命周期，相应地就有一条技术成长曲线，称为S曲线。一旦技术本身到了S曲线的拐点，产业发展加速度也就开始下降，意味着产业增长停滞，就像走入一条死胡同。此时，S曲线开始变得平缓，你在技术上投入再多，技术指标也只会有微小改善或没有任何改进，甚至会出现边际效应为负的情况。这预示着这种技术已经走到了S曲线的尽头，那就赶紧打住，别再继续往里投了。

现实中经常会有违背S曲线规律的执迷不悟者。当年蒸汽船进入航海业时，原来的帆船制造商不是转入蒸汽船的开发生产，而是进一步改进帆船设计，使船体阻力更小，使用的帆更多，使用的水手更少，以此对抗蒸汽船的竞争。但是，这种努力只是稍稍延长了帆船的航海寿命，技术上的改进很小，根本竞争不过蒸汽船。不适时止损，终究逃脱不了被淘汰的结局。

行业周期也有同样的指向作用。如果你身处一个产品生命周期很短、迭代速度很快的行业，就要警惕了。如果你的产品还是上一个周期的或已经被淘汰的产品，在新周期里再怎么投入、再怎么努力也是白搭，止损才是最佳选择。

止损，最终拼的是创业者的心态和远见。在一个处处是风口、随时都有可能踩雷的时代，止损力显得尤为珍贵，它不仅是必备的生存技能，更是创业反败不可或缺的战略决断能力。

抗压力：扛住最后一根稻草

2017年，我和一位餐饮业的知名创业者共赴日本。他是个玩性很浓的人，但从下飞机开始，他90%的时间都戴着耳机，用两个手机同时在跟国内团队联系处理一件急事，不时对助理发出指令，每到一处就找地方给手机充电。而在拍照嘻哈或共进美食时，他却高兴得像个孩子，笑得非常灿烂。

在回国的航班上，我问他有什么事，他轻描淡写地来了一句，“有人要黑我们，我在组织各方力量准备反击”。

事后我才知道，这是一场关乎他们公司生死存亡的战斗，如果不提前精心策划应对方案，若干年的创业努力就会白费，当时他们公司的估值已近 10 亿元。我心里不禁赞叹："真能扛事！"

成熟创业者往往是很好的"伪装者"——你只看见他们不动声色地发号施令，而很难察觉他们的喜怒哀乐。因为在他们身上有一种叫"抗压力"的独特东西，让他们在长期压力下和巨大困境中能从容、迅速地处理各种问题，而不是像"玻璃心"一样一遇压力就碎。

创业是一场承受超出自己极限的压力之战。

每个人都会承受大大小小的各种压力，而创业者遇到的压力和焦虑，像极了"压缩饼干"：别人可能要几十年甚至一辈子才会遇到的压力，创业者却要在短短一年、几个月甚至几天里扛下来，他所承受的压力被极度压缩了。不亲身经历，很难体会那种时刻让人想吐出来的巨大压迫感。

为什么会这样？因为"不确定"。创业中的任何一件小事都会带来意想不到的不确定性，**压力感就是人们在面对不确定性又不知怎么应对它时产生的一种消极的心理体验。**

辞退一名员工有那么简单？他会把你告上法庭，让你头一次以被告的身份出庭。融资有那么轻松？花半年时间见了 100 个投资人，可能其中只有两个答应投，最后却无疾而终。选个细分领域就能安心去做了？竞争对手会用各种招数甚至无赖手段逼你退出。商标注册有那么简单？弄不好会被别人下套，他们正“手握绳索”静静地等着你。合伙人有那么靠谱？说不定哪天 CTO 就带着一帮人倒戈投奔竞争对手了……

程维在离开阿里巴巴创办滴滴打车后，才真切体会到创业的不确定性有多大，“当你创业后才会发现，你推开一扇门却眼前一片漆黑，只能边摸索边摔跤，边认知边修正”。

虽然大量不确定性叠加带给创业者的是一波又一波令人喘不过气来的压力，既虐身又虐心，但在压力和“受虐”之后，创业者收获的一定是成长的快感。

创业者说

一位创业者在回顾自己的创业经历时说：“我觉得自己成长最快的时候，就是虐心程度最严重的那几年，失败超级多，压力超级大，感觉超级不爽，但就是那段时间公司成长得最快……我个人的瓶颈、公司的天花板不断被突破，又不断被重建。”

蔚来汽车创始人李斌，北京大学毕业后，1996 年就在北京成立了南极科技，月入十几万元。那一年李斌 22 岁，而那一年 25 岁的马化腾还是一个软件工程师，27 岁的雷军刚当上北京金山软件公司总经理，刘强东还在快递公司当物流主管。1997 年，李斌参与创立北京科文书业信息技术有限公

司（当当网前身）。2000年，他一手创办易车网，这是中国第一家在海外上市的汽车互联网公司，股价最高时一度接近100美元。再后来，他开始投资出行领域，所投项目遍布整个出行行业的上中下游，被人称为“出行教父”，尤其值得一提的是，摩拜单车的每一笔融资都与他有关。

这么一个人，却偏偏要开始他的第四次创业——做新能源汽车“蔚来”。然而，故事的发展大大超出他的预期。汽车行业是一个烧钱的无底洞，你纵使富可敌国，也能很快地把钱烧光。2014年，李斌把自己1.5亿美元的身家全部投进了蔚来，没拿一丁点儿创始人股份。但仅过了3年，互联网造车一地鸡毛，蔚来也遭遇困境，似乎做什么都是错的。李斌说的每一句话都被人用放大镜审视着，媒体开始过分解读，身边聚集着一群看热闹不嫌事大的围观者。他被人骂成“贾跃亭第二”“骗子”，之前的人设完全崩塌。2019年9月，蔚来的股价已经从IPO时的6.26美元下跌了76%。亏损、裁员、融不到钱、CFO辞职……蔚来到了死亡边缘，但李斌仍然扛着，决定全部押上。2019年9月13日，易车网发布公告，称公司在和腾讯商讨私有化交易，李斌11%的股权大概会从这笔交易中套现1.24亿美元。李斌决定用这笔钱给蔚来输血，一如他18年前扛起易车网的400万元亏损一样。

李斌有一点很令人钦佩，一路走来，再大的压力他都自己扛着，既不争辩，也不造势，更不博同情。高压产生高能，他的抗压边界被撑得无限大。今天的李斌，敢扛。

2020 年，蔚来汽车起死回生，营收、销量和整车毛利率均创新高，股价从最低 1.19 美元 / 股一度暴涨 48 倍，公司市值一度突破千亿美元，超过多家年产销过百万辆的传统汽车巨头，李斌也从 2019 年“最惨的人”，变成 2020 年“最幸福的人”。

只有让自己拥有打不垮、摧不毁的抗压力，才可能主动拥抱不确定性、抵抗重压，体会它带来的别样快感。

抗压力是创业者容忍不确定性的程度，以及在不确定环境中理性决策的能力。

不管外界如何变化、压力如何巨大，稳坐在自己的位置上，沉得住气，这就是抗压力。像乔丹、科比这些球星之所以被称为“大心脏”，是因为他们敢在比赛还剩不到 1 秒时急速决策并投出最后一球。很多人说，这不就是碰运气吗？敢碰运气本身就是抗压力强大的表现。比赛最后一秒没几个人敢主动拿球，一旦失误，整个球队的命运就会完全不同。这不是抗压力是什么？

没有抗压力，就没有用极限生存以对抗美国打压的华为；没有抗压力，我们就很难用上王兴创立的美团；没有抗压力，就没有褚时健 82 岁种出来的褚橙……

提升抗压力，不仅要提升对不确定性的容忍程度，还要改进决策的理性程度。具体来说，有三种方法可供创业者借鉴（见图 2-4）。

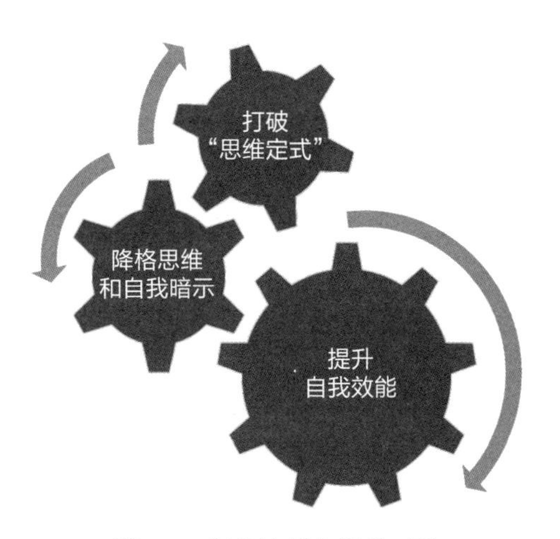

图 2-4　创业抗压力提升三法

打破“思维定式”，拥抱不确定性

程序员出身的张一鸣是典型的技术宅男，他喜欢输入代码编完程序后，让计算机准确无误地按照自己的指令输出结果，这是一种“确定性思维”。然而，当张一鸣的角色从程序员转为 CEO 时，要做的工作就变成在充满不确定性的环境中做出决策，这曾让他非常痛苦，“我不喜欢不确定性，因为程序都是确定的……但事实上，CEO 是所有不确定性的最终承担者”。

在品尝了数次创业失败的滋味后，张一鸣开始转变思维，认识到创业决策的最优解不是一个确定的数字，而是一个概率分布，要“尽量做出最佳决策”。这样一个认识，让张一鸣从一个憎恨不确定性的程序员成功转型为一名拥抱不确定性的创业公司 CEO，抗压力迅速提升。有趣的是，张一鸣在取舍新业务的决策过程中，仍然沿用确定性原则，达不到预期目标的新项目立即砍掉。许多人不是没有解决问题的能力，而是被思维定式限制住了。打破“思维定式”，拥抱不确定性，让自己在确定与不确定之间游走自如，这就是摒弃思维定式后获得的最强的一种抗压力。

降格思维和自我暗示

创业者必须接受自己的不完美，这就是“降格思维”。创业者爱较真，其中的一个重要原因就是追求完美。如果执拗于完成心中那个完美的梦，反倒会让自己压力陡增。适当放过自己，是一种增强抗压力的有效手段。当然，还可以把目标拆解成一个个阶段性的、能够很快看出成效的小目标，一个阶段只完成这个阶段的目标，循序渐进。

必要时我们还可以自我暗示，也就是用失败过程中曾经成功的一件事暗示、鼓励自己，持续放大它的正向效应。比如，不断告诉自己，“原来这事我也能成功！”进而静下心来琢磨为什么当时这件事能做成、怎样才能克服困难等，这同样会快速增强创业者的抗压力。自我暗示法经常会产生奇效，即使一开始可能会让你泪流满面。

提升自我效能，这都不是事儿

失败后，千万不要过分夸大失败经历对你的影响，而要培养自己的“盲目乐观主义”：什么都没有的时候，却能让自己拥有一种必胜和乐观的强大信念，一种莫名其妙的自信心。当然，这不是真盲目，而是一种提升自我效能的精神胜利法。最牛的创业者，在创业初期都是盲目乐观主义者，他不仅要让自己盲目乐观，更要让周围的人盲目乐观。真的，有了强大的“求生欲”，有了“我能行”的自我效能，再大的压力也只是暂时的。

雷军说：“一开始创业公司就那么几个人，五六条枪，账上可能就几万块钱。靠什么改变世界？用常识和逻辑是不可能的，只有靠信念才能坚持下来……你首先得相信这件事情能发生，才有足够的自信去说服那些跟你一起干的人。”

屡败屡战，你会逐渐发现压力的根源所在，从而降低对压力的敏感程度，一点点修正原来的路径，提升对不确定性的容忍程度。我问过一位大咖创业者，创业给他带来的最大改变是什么，他回答说，“就是不怕事了”。我追问，为什么不怕事了？他说，“就是经历了一次又一次濒临崩溃的事，开始怕得要死，挺过来之后就觉得也没啥大不了的”。

创业者面临的压力绝非一般的压力，具备拥抱高度不确定性的抗压力，是优秀创业者和一般创业者的不同之处，更是让你扛住“最后一根稻草”的神秘力量。

关系力：创业可败，做人不能败

“在家靠父母，出门靠朋友”是中国人对人际关系最朴素的表达。事实也是如此，人脉的丰寡往往决定了人生状态。对创业者来说，“一个篱笆三个桩，一个好汉三个帮”则是对人际关系最贴切的描述。很多创业者能够成功，也是因为他周围的伙伴一直追随，败而不弃。

史玉柱从第一次创业大败到重新站起来，就有这样的“三个帮”。

1997 年，史玉柱的珠海巨人集团欠下了巨额债务。1997 年 8 月，为排解烦恼，史玉柱一行 4 人前往西藏攀登珠峰。去爬珠峰的人，一般都会雇当地导游。史玉柱回忆说：“当时雇一个导游要 800 元，为了省钱，我们 4 个人什么也不知道就那么往前冲了。”

结果，下山的时候他们不仅在冰川里迷了路，更糟糕的是史玉柱的氧气也快吸光了。史玉柱不愿拖累大家，对同行的三个小伙伴说：“你们回去吧，我的体力已经耗光了，又缺氧，一步路都走不动了。”在零下二三十摄氏度的情况下，只要天一黑，他们肯定会被冻死。但是，没有一个人愿意独自离开。天助他们，救援队赶到，找到了一条下山的路，众人一路拖着史玉柱下了山。

经历了生死考验的史玉柱，从珠峰回来之后变得异常沉静，一改原来的张狂自负，背负巨额债务开始第二次创业。在很长一段时间里，他甚至没钱给身边的人开工资，但有四个人始终任劳任怨，不离不弃，后来被称作巨人的“四个火枪手”。

其中一位是陪史玉柱一起爬山的程晨。这个女孩 1995 年大学毕业后加入巨人集团，从一个普通业务员做起，曾任史玉柱的行政助理。史玉柱最困难时，她向自己的父亲求援，借给史玉柱 10 万美元发工资、还债。1997 年 1 月，史玉柱带领巨人集团 30 多位核心成员在安徽黄山脚下的太平镇，召开了一场名为“批评与自我批评”的内部会议。当时，巨人集团的 1 万多名员工被遣散，只有少数员工留下来跟史玉柱一起同甘共苦。“真的很感伤，以前每个隔断要挤两个人的办公室，最后就剩下三十几个人，”程晨说，“大家同吃同住，不愿意离开，谁都不相信巨人会真的倒下，史玉柱会站不起来。”

史玉柱在总结自己能够东山再起的原因时表示，“我身边的几个骨干，在最困难的日子里，好几年没有工资，他们一直跟着我。那时候，也是他们陪伴我爬完了珠峰。我永远感谢他们”。程晨后来出任巨人集团常务副总裁。

这样一帮以命相交的伙伴，是史玉柱能够再次站起来的宝贵财富。他们不是以金钱利益为纽带，而是以共同的价值观和对目标的高度认同为根基。这种足以让人从失败中重新站起来的外在力量，就是关系力——创业可败，但做人不能败。

然而，不是每个创业者都拥有这种关系力。我认识一位连续创业近 20 年的创业者，每当上一次创业结束后，他都能把下一个公司做起来，但总是不温不火，也从来没有一个老部下跟随他。三次创业中，他跟合伙人和核心员工的关系总是很僵，每次都会经历合伙人中途退出和跟他打官司的尴尬局面。

那么，什么才能称得上是关系力？

关系力是一种凝聚、维持和放大关系的能力，而不只是

建立关系的能力。

挖掘和建立一种关系很容易，但真正重要的是凝聚关系、维持关系和放大关系。为什么现在的无效社交越来越多？就是很多人以简单建立关系为主，没有找到彼此的关系结合点和价值共生点，关系力始终处在低水平——交往再多人、投入再多精力，也只是低水平重复建设。

关系力的核心就是通常说的“人和”。**能做到人和的创业者，就是能凝聚人心、维持愿景、放大价值的高情商者，这也是关系力的三要素。**越能凝聚周围的人心，越能维持众人的愿景，越能放大个人的价值，你的关系力也就越强。

- 凝聚人心是基础，团队人心围绕在你身边，才有彼此的信任。
- 维持愿景是动能，团队信仰激励一直存在，才有共同的目标。
- 放大价值是目标，团队成员价值叠加放大，才有最后的回报。

刘备论武功、论资源、论人脉、论社会地位，都没有什么过人之处，却当上了主公，从“桃园三结义”开始，到后来结交赵云、诸葛亮、黄忠、马超，江湖英雄一呼百应，终成霸业。宋江论智谋比不过吴用、公孙胜，论武力比不过武松、林冲，论家世比不上柴进，却能让一百单七将俯首称臣，江湖上的兄弟都尊称他为“哥哥”，更获得了“及时雨”的江湖美誉。

刘备和宋江具备的，正是稀缺的关系力。缺了刘备和宋江的关系力，他们手下那些武将虽然能打能杀，却只能成小事而难谋大略。

刘备和宋江这两个古代的创业者都具备了关系力三要素：

- 一是能凝聚人心，形成稳定的创业团队。
- 二是能维持众人的愿景，让整个团队有奔头。
- 三是能放大每个人的价值，让团队成员有存在感，让每个人变得更好。

如果有能力凝聚人心，却迟迟没有共同奋斗的目标和激励机制，时间一长团队必定散架。如果既能凝聚人心，又确立了奋斗目标，却不能让每个团队成员在这个过程中实现自身价值，最终团队也会分崩离析。当一个人既能凝聚人心，又能让其他人一直打鸡血似的往一个方向努力，最后实现价值，这样的人，值得追随。

那么，创业者怎样获得自己的关系力？

个人魅力凝聚人心

创业早期，在团队什么都没有的情况下，创始人要把各种背景、各种经历的小伙伴们“捏”成一个整体实现梦想，只能靠个人魅力。而要判断自己是否有个人魅力，只有一个标准，那就是看别人是否都愿意跟着你干。

刘强东在公开演讲中表示，他将京东的员工视为“兄弟”，十分珍惜员工。京东 001 号员工张奇是刘强东的一位亲戚给他介绍的，当时张奇年纪不大，但老实能干又肯吃苦，刘强东就将采购的任务分派给他，张奇成了京东史上第一位采购员。

一开始，张奇的月薪只有 600 元，他的工作内容之一是跟着刘强东站柜台，向过往的行人推销自家的商品，其实跟摆地摊没有什么区别。2001 年的中关村鱼龙混杂，张奇的采购工作并非一帆风顺，他没想过要在京东干很久，而是想到外面再闯闯。恰好那时张奇的家中急着用钱，又赶上张奇姐姐结婚，他一年 7200 元的年薪根本不够解家里的燃眉之急。刘强东听闻张奇的困难之后，一下子包了 5 万元红包给他。

彼时的京东还没有完全步入正轨，公司账面上能动用的资金十分有限，这 5 万元还是从一笔刚结的货款中挤出来的，张奇自然不好意思要，但刘强东还是强塞给他。除了 5 万元钱，刘强东还带给张奇一句话，以后家里有什么困难都可以跟他说。

从那之后，张奇决定以后就跟着刘强东干，因为他相信刘强东的人品，也相信京东的未来必定会是一片辉煌。个人魅力的吸引以及相互信任带来了正向结果。2019 年 4 月起，在刘强东的举荐下，张奇先后出任北京京东云河旅行社有限公司法定代表人、京东云计算有限公司法定代表人、京东尚佑传媒有限公司法定代表人兼董事。当初懵懂的少年在京东埋头苦干 18 年后成了京东的高管之一。用个人魅力凝聚人心的最好结果，就是老板和员工的双赢。

一直追随史玉柱，并且曾作为史玉柱的副手的刘伟说："老史这个人总能把事情说得特别有吸引力，他会把我们向他想煽动的方向煽动，如果你一直跟着他的话，在他最困难的时候，你会毫不犹疑地相信他还会成功。我们总是为他设定的目标所吸引，一直向前。"在号称巨人集团"四个火枪手"之一的费拥军眼里，史玉柱是一个"很有天分"的人，"同样的事、同样的分析，你就得不出他那样的结论，而且，他往往是对的"。有这么一帮甘当老二、老三的人相助，史玉柱即便没有脑白金，也还会有别的机会。

专业能力吸引人

在实力面前，言语有时也会显得苍白。靠个人的专业能力，用专业的力量让对方折服，同样可以让你拥有个人魅力。

我曾在中关村遇到过一位口才和能力俱佳的某公司女性创业合伙人。与她形成鲜明反差的是，公司创始人兼 CEO 是一位不善言辞甚至有些木讷的海归理工男。后来我问她，为什么会跟这位 CEO 一起创业？她说，上学期间两人就认识了，觉得他做研究非常认真，专业能力方面没的说，而且对方一直抱有的“技术改变世界”的理念也让她非常认同。后来，她又遇到这家公司的其他创始成员，才发现他们要么是这位 CEO 在硅谷工作时的同事，要么是有名校相关专业实验室的背景，大家一开始也都是被这位 CEO 的专业能力所吸引，认定他能干成一番事业才放弃其他机会来中关村创业的。

以德服人

宋江在江湖上人称“及时雨”，谁需要他，他就出现在谁的身边。你需要什么他就给你什么，这恰恰是他身上的独特之处。他视钱财为身外之物，疏财救济，好交朋友；他为人仗义，可以放弃一切替兄弟平事，勇救晁盖；他为人谦虚、真诚，懂得尊重别人，有容人之量，礼遇武松、宽待李逵。上梁山后他对兄弟们都很关爱，让人由衷地尊敬，因而能拉起一支队伍。

美团创始人王兴也是一个以“努力”和“正直”服人的典范。

王兴创业曾失败过数次，但他的团队一直没有散。即便在饭否被关停的时候，也只走了两个人，有一个独立开发者回老家了，另一个就是张一鸣。有人问过美团联合创始人王慧文："为什么你这么相信王兴，甚至愿意抛下自己的一摊事（淘房网）到美团？"王慧文说："他人比较正直，这是非常重要的基础……王兴非常努力，人也很聪明，我就是愿意。"被称为美团后勤参谋长的穆荣均说，这个团队没散，有一个重要原因是王兴很努力，从不停止尝试。团队里有些人甚至觉得王兴有点儿像刘备，刘备早期老打败仗，但在最落魄的时候，张飞、关羽他们都心甘情愿地跟着他。

这种人不是低人一等，而是情商高，是懂得克己又胸怀宽广的大智慧之人，他们所拥有的，恰恰是稀缺的关系力。关系力用来搞定的就是人心。这个世上，你只要把人心安顿好了，还有什么事做不成？

让别人实现和放大自己的价值

篮球飞人乔丹一直深信，一名伟大球员最突出的能力就是让周围的队友变得更好。在关键时刻，优良的团队精神会迸发出巨大的能量。虽然不少队友被乔丹苛刻至极的训练和比赛要求弄得很狼狈，但都打心眼里敬畏他，愿意围在他身边打球。当年罗德曼是一个桀骜不驯的"刺头"，但在乔丹的管束之下变得服服帖帖，连拿三个 NBA 总冠军。在成就他人的同时成就自己，这可谓关系力的最高境界。

关系力绝不是简单的人脉经营，更不是低层次的相互利用，而是做人的能力。上一次的失败不是终点，只要还有一帮挺你的兄弟姐妹，只要还能凝聚人心、树立目标和放大每个人的价值，你就能东山再起，这才是反败路上最令人放心的一笔资本。

03

第三章

重塑你的惯力

拥抱受虐，杀死旧习，才是重塑。

死于惯性，生于受虐

“你可以把我入狱的这段经历写到书里。”说这话的，是曾因自己的拖延导致没有及时还债而入狱的草根创业者老冯。那天下午，我在他位于北京南六环的修理厂里嗨聊了4个小时。

老冯不老，但从14岁就开始闯荡江湖的他，一脸奋斗者的沧桑。跟我们中的很多人一样，他小时候也养成了拖延的习惯。早年创业，老冯跟别人借了一笔钱，“这笔钱其实不多，完全可以还上，但自己就是拖，也不知道为啥，后来就变成躲着对方……”债主因为四处找不到人，只好以诈骗为由起诉他，最后老冯被捕入狱一年。在狱中老冯不断反思，“出来之后，我就彻底改了拖延的老毛病，现在也是这样要求下属，绝不能拖！”

这个用入狱买来的教训，就是创业者把自己生活中看似“平常”和“无意识”的习惯，平行迁移到创业中导致的恶果。这是一种惯性陷阱。

惯性是什么？就是在不经意间，让人以自己最舒服的方式做事的一种力量。然而，舒服往往并不代表正确，它恰恰是那只把创业者推向失败深渊的看不见的“黑手”。

能避免掉进惯性陷阱吗？很难。一是想不到，二是想到了也很难做到，因为这是人根子上的东西。

我不想再重复 0.99 和 1.01 的 365 次方的区别了，道理大家都懂。那些每天只比你进步 0.01 的人，一年后已经把你远远地甩在后边了（从 1 增长到 37.8）。创业中的很多惯性一直在“微”侵蚀创业者，就像每天退步 0.01，1 年后会减退到 0.03。但它每天损耗你的程度实在太轻，让你浑然不知，还觉得“我一直就这么做的，没什么问题”。越觉得没问题，越是大问题，失败最终在所难免，小习惯造成大败局。

从创业的第一天开始，你就要刻意发现并有意识地避免惯性陷阱。

日常生活中，坏习惯造成的负面影响不会很大，比如拖延症会造成一些负面影响，但总能找到办法弥补和挽救，引发更大风险的可能性较低。相反，创业的高度不确定性会放大坏习惯的负面影响，坏习惯又会进一步加大创业的不确定程度。这个过程日积月累、持续发酵，就会触发导致创业失败的爆点。这就是可怕的“蝴蝶效应”，一个小习惯通过层层传导，改变整个创业的走势，引发一场破坏效应巨大的失败。

杀死创业者的不只有自带的生活习惯，更有长期养成的思维惯性，比如在大公司工作过程中形成的甲方思维，很难用到创业中。然而，很多从大公司出来的创业者意识不到这点，觉得自己能力强、资源丰富，没有当乙方的心态和准备，忽略了很多应该注意的细节和小事，最后折戟沉沙。

你在大公司做得好，不是你牛，是背后的品牌和平台牛，凡事都有强大的公司系统和相关部门在支持，而并非完全拜你的能力所赐；一旦离开了那个职务和平台，可能就啥也不是了。一个年操盘 10 亿元的大企业员工，到了创业公司可能连 10 万元都用不好。这样的人，如果不及时转成乙方的心态和行事风格，最终只会被自己的甲方思维干掉。

上面讲的两种习惯，都是显性习惯，好发现、易克服。可怕的是那些让人死了还不知道原因的隐性习惯，**有些看上去平常的好习惯，却成了创业失败的根源**。也就是说，自以为的“好习惯”也会杀死创业者。

有那么一类人，在公司打工时执行力极强，习惯把每一件事做到极致，老板都“爱死他了”。然而，这种在打工时养成的好习惯，却成了创业的障碍，这类人往往不具备一把手的决策力，习惯把公司当靠山，由老板来决策。当他们自己成为创始人之后，该决策时犹豫不决，不该决策时瞎指挥，最终葬送了整个团队，自己的优势也没能发挥出来。

还有一类人是技术出身的创业者，他们身上有一种看重技术的优秀品质。然而，长此以往他们会形成一种根深蒂固的“技术决定论”思维，以为只要技术过硬，做出来的产品市场就能接受，创业就一定能成功，坚持产品一定要打磨到完美才能推向市场。

说好听点这叫执着，说难听些就是钻牛角尖。

殊不知，世上 99% 技术顶尖的产品在走向市场前就“死掉了”。所谓技术最好的产品，只代表某一项或几项技术性能好过其他产品，并不一定最符合消费者的需求。市场最需要与技术最牛是两回事。

某些特定环境和条件下的好习惯，却是创业路上应该避免的低级错误。被看不见、摸不着和自己一直信奉的好习惯杀死，才是惯性陷阱最令人恐惧的地方，它就像慢性毒药，看似无毒，久服却会致命。

下一个问题，怎么杀死旧习，重塑自己？两个字：受虐。

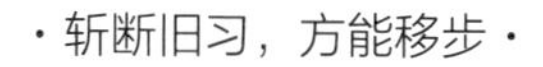

如果有人跟你打赌，每天把早上的起床时间（现在是8点）向前提2分钟，你知道一个月后会几点起床？7点，整整提前了1个小时！对于清晨时段来说，1个小时是何等宝贵。

然而，没有几个人能做到。

刚开始的几天你还能起来，但到了第10天，也许你就坚持不下去了，因为要比平常提前20分钟起床。等到了第20天，你或许就放弃了，因为要比平常提前40分钟！什么目标，什么鸡血，什么励志，见鬼去吧。于是，生活重回原样，对此，你还会安慰自己一句“我至少努力过”。

我们曾以为每天改变 0.01 很简单，其实太难了。无数人去健身房办卡时雄心勃勃，结果一年就去两次：办卡一次，退卡一次。过往的苦难和受虐，塑造了你的习惯，更成就了你的反败资本。

什么是受虐？受虐就是对抗本性，强迫自己做不舒服、不习惯、不喜欢的事情。

谁不想下了班就回家，为啥一定强迫自己完成当天的任务才能离开？

谁不想 PPT 差不多就得了，干吗要逐字逐句抠得那么细？

谁不想周末出去旅游吃大餐，为什么要打磨方案到绝望？

你有没有发现，受虐很反人性？没错，这些都是人们打心眼里反感和逃避的，都是反人性的。顺从人的本性并不费力，可一旦顺从这种让自己舒服的本性，你就不要有太多想法，也别想当个强者，安安分分做好自己就行了。仔细研究那些创业成功者，没有一个不是虐自己虐到极限的，这么做都是为了打破旧习，在体内形成新的“基因”。

创业就是一个不断受虐改变惯性的过程。

世上的创业者千千万，但只分两类：一类是“看上去好的”（Look good），另一类是“真好的”（Really good）。前一类创业者履历优秀，资源丰富，看上去一切尽在掌控之中，创业成功似乎只是时间问题。没错，这些人是在创业，却是“伪创业者”。他们习惯顺着让自己显得“优秀”的本性去做事，很少强迫自己去做不喜欢但又必须要做的事。一旦步入创业深水区，他们的短处就暴露无遗。

反观后一类创业者，低调实干、隐忍坚韧，像个苦行僧，整天在做自己不喜欢的事，往死里虐自己，硬生生把自己从一个创业“小白”逼成出色的CEO、优秀的合伙人、顶级的产品经理。

创业者说

一位创业者在回顾自己创业一年的收获时说：“2014年才算人生第一次真正做CEO，和现实的世界真实对话，才知道原来做CEO，并不是鸡汤里说的‘找人找钱找方向’就够了，还有注册公司、买办公设备、算工资、上社保、交税、处理员工吵架、请假、加薪等一万件事情等着你。当然有人也许会说，你不会雇个人来处理这些事吗？前提是要先找到这个人，要选择哪家招聘网站，买哪种简历套餐，打一百个面试电话，反复确认面试者的时间和行程，面试筛选、发 offer、追确认、追入职、签劳动合同，如果对方发现办公地点在地下室，要安抚，要给愿景，说我们很快就会搬的……”

上面罗列的事务都是这位创业者一开始根本不想干的，太像个管家婆了，但他必须一样一样做好。不被虐，创业者长不大。没经历过创业的人，无法理解那种精神压力多么可怕，你面临的不是明天几点上班、中午吃什么的问题，而是随时破产、巨债压身的绝境……

世上的多数人是“被动型”受虐，他们被外力驱使去受虐，比如严苛的领导、精准的考核、还债的压力等。而优秀创业者往往是“内驱型”的，主动用自己的内力去受虐。受虐的时间一长、次数变多，你会发现受虐初期的不喜欢、不习惯、不舒服已经离你而去，你开始享受重塑习惯带来的好处，最终习惯被改变，行为模式被重塑。

人们曾经总结出改变习惯的一个经验，即“养成一个习惯只需要 21 天，而改掉一个习惯并养成另一个习惯则需要约 90 天”。但要清楚，这只是生活习惯，创业的习惯注定需要你用更长时间的受虐去改变。

不论是自带的生活习惯还是后天养成的惯性思维，不论是看得见的显性习惯还是遁形无踪的隐性习惯，没有哪个创业者能在第一次创业之前就完全规避掉，往往都是在创业失败后才开始反思。**提前看透惯性陷阱，用受虐磨炼自己，有意识地跳出这些惯性陷阱，才是真正有价值的反败。**

我们无法穷尽所有的惯性陷阱，所以本书只是挑出了创业者最容易掉进去也最特别的一些惯性陷阱，希望你看完本章后，永远不需要再看这些内容。

说得连自己都信了

在创业大军中，有一群特殊的“奶爸奶妈”创业者，他们在带孩子时遭遇各种“无力吐槽”的困境，于是把自己的需求当成共性需求，将自身感情倾注在某个创业产品上，想着如何帮助更多的父母和孩子。然而，情怀很浓，结果却不尽如人意，你认为的需求不见得是其他奶爸奶妈的需求，大量创业失败的案例就发生在 0 ～ 3 岁孩子的父母身上。

和这些奶爸奶妈创业者一样，很多创业者经常习惯性地“骗”自己，想当然地把一个未经验证的想法经过简单推理就信以为真，还经常因为入戏太深而难以自拔。

比如，不少缺乏经验的创业者会参考网上大量来源不明的数据，用趋势外推法和主观预测，一拍脑袋就得出自己产品的市场份额有多大的结论。他们以为推算出来的市场就是自己能获得的市场，而且越说越信，两眼放光，颇有孤胆英雄上路寻宝的豪情。这个时候，你如果好心去给他们提不同的建议，一定会碰一鼻子灰。

·说得连自己都信了·

不得不说，“把自己说信了”是广泛存在于创业者中的一种病。自我说服、自我麻痹、自我洗脑，是这种“病”的主要症状。

在创业早期提出创业想法时，很多人都喜欢强调自己的想法多么好、技术多么超前、前景多么广阔。但是，他们并没有认真考虑这能否解决真正的市场痛点，也没有认真考虑所针对的需求是真需求还是伪需求。往往在事后才发现那根本就是个伪需求，但当初他们非常有勇气坚信自己的想法是多么伟大。美国著名创业孵化器 Y Combinator 创始人格雷厄姆称这样的想法为“虚构的”创意。

这些凭空造出来的“美丽泡沫”，虽然被创业者想象成即将发生的事，却经不起实践的验证，很快破灭。诚然，没有人能 100% 预判准确，但回头看创业早期“把自己说信了”的那些幼稚举动，每个创业者都会哑然失笑。

可当时自己就是跳不出那个坑，为什么？

把自己说信了的本质，是自我认知不到位和盲目侥幸的自信。

我不想什么都用人性来解释，但确实有三只无形的人性推手在背后起作用。

- 第一，人天生就被“自以为是”的心理推着走。每个人都会觉得自己的判断对，即使错了也要给自己找个理由来证明当初的选择是合理正确的。
- 第二，人天生就被选择性偏好推着走。我们看到的世界只是我们想看到的世界，每个人都被困在自己的“信息茧房”里。当每天的信息蜂拥而至，信息流又被我们选择性过滤后，它就会自觉迎合我们的信息偏好。你会欣喜万分，“啊，好开心，原来世界真的就是这样！”于是就会自然而然地用自己的选择去替代别人的选择，把个人需求当成共性需求。殊不知，这会导致认知水平的降低，从而导致误判，之前奶爸奶妈创业者们犯错的根源也在于此。

- 第三，人天生就被侥幸心理推着走。很多时候创业者自己心里也没底，但仍会这么想，“也许未来就会是我想象的那个样子，没关系，再等等”。

于是，当有一个初始判断后，创业者便会用自己的逻辑不断强化，强化，再强化，直到最后把自己说信了，让初始判断成为脑子里一个既成事实的客观存在。然而，这并没有什么用，如果一开始就错了，把自己说信了又如何？“把自己说信了”的最大风险在于，一旦一开始没有找到真实的问题，后续的一切就都没救了。

在很大程度上，创业是一件贩卖“相信”的事，不仅要让自己相信，更要让投资人和消费者相信。虽然首先要让自己相信，但千万不要信过了头，关键是要用事实说话、让结果站台，而不是靠自我洗脑式的想象让所有人相信。找到真实的问题，然后让自己相信，才能让其他人相信。

牛人，就是那个能让相信一直传导下去并让众人为“相信”买单的人。当然，这里说的“相信”不是骗子和“大忽悠”靠各种话术骗来的相信。如果前期没有足够的验证，后期没有足够的推广，不足以形成一个闭环；或本身的时机就没踩在点上，还坚信自己的产品能卖好，那就是一种自负了。

有家做桑葚功能饮料的创业公司，把饮料的功能吹得神乎其神。但功能饮料需要长期饮用后才能验证其是否有效，谁会一直喝一种饮料不换口味？谁会听商家吹嘘几句就相信桑葚饮料有那么强大的功能？我相信，创始人自己一定是从吃桑葚中发现了诸多功效和妙处，但要知道，普通人每年也就吃几次桑葚……这中间有太多的逻辑要验证，有太多不确定性要消除。虽然这个世道交“智商税”的大有人在，但消费者也不是那么好忽悠的。

当然，还有一种隐藏得更深的“把自己说信了”——其他人的成功案例和在其他市场验证过的成功模式，我总可以相信吧？

仍然不行。

中国互联网早期的发展遵循“拿来主义”，如搜狐对标雅虎，百度对标谷歌，淘宝对标 eBay，美团对标 Groupon，滴滴对标 Uber，京东对标亚马逊等，这些将美国成功的商业模式拷贝到中国来的公司大都取得了成功。然而，随着中国经济发展和消费需求升级，创业者越来越不能简单地拿个国外模式就把自己轻易说信了。领英就是个例子。

号称职业社交网站的领英，在美国每个用户每分钟能为它创造1.3美元的收入，但在中国一直不温不火。中美两国的市场差异很大。美国私营企业多、大企业多，企业相对成熟，这些企业舍得花钱去找合适的外部高端金领人才。中国则相反，中小企业多、大企业少，企业生态还不完善，而大企业又以国企为主。国企一般倾向于通过内部培养、校园招聘的方式解决人才缺口，基本不需要外部供给就能满足需求。在高端人才的招募上，中国的情况与美国大相径庭。

要判断是不是自己把自己说信了，一个最简单的方法是"用户是否愿意为此付费"，如果不愿付费，产品或服务就无法市场化，说什么也白搭。

我认识一位做共享会议室的创业者，最初的想法是把各个单位、公司、孵化器、写字楼的闲置会议室放到网上，分享给附近有开会需求的人，也就是会议室的"滴滴"。初衷很好，看起来也有需求。但实际推出来后，因为并非像打车一样刚需、高频，可替代性太强，最终不得不放弃。

在惨烈的创业江湖中，每天都在上演这样一幕：创业者向消费者推销自己认为"正确"的东西，坚信自己的产品一定会有市场，消费者一定会买单。然而，当创业者们信心满满地把前期花费巨资辛苦研发的产品或服务推向市场时，却发现事与愿违。不论是桑葚饮料、共享会议室，还是很多

0～3 岁孩子父母的创业项目，都是一不小心就掉进了惯性陷阱的例子。

当然，创业就是一个不断试错的过程，确实也有“众人皆醉我独醒”的情况存在，但我们不能寄希望于此，因为全世界只有一个马斯克、一个雷军。创业者不是不能“把自己说信了”，而是要避免因把自己说信了而连续犯低级的错误，尤其是知道错了还不改正，这就不只是认知问题了，而是一种极端侥幸的心理问题，没得救。

从上一次“把自己说信了”的失败中，积累下一次“不再轻易把自己说信了”的资本，核心是进行自我反省。

自省，就是与原来的自己痛苦对话并远离的过程。

有人说“心胸都是被委屈撑大的”。在我看来，这句话更准确的说法应该是：创业者的心胸，是在受委屈后经过无数次自我反省才被撑大的。自省的实质，就是忘我，就是清零，从自己身上找原因，打败原来的自己。说得更狠一些，就是只有远离原来的自己，才有可能在创业乱局中找到一条路。

当然，创业者要做的一定是有效反省，而非无效反省，用“三驾马车”把自己拉出认知的泥沼。

第一驾马车：形成反向思维，自我纠正。

采用苏格拉底式追问法不断反问自己，从一个问题的回答中，引出另一个问题，最后问到自己无法回答为止（承认自己的不足），找到“把自己说信了”的根源，并迅速反向纠正。

第二驾马车：建立验证性思维，快速迭代。

采用精益创业原则，通过小步快跑、快速迭代的方法，验证之前关于创业点子、技术、模式、市场的预判是否正确，逻辑是否合理。验证性思维的核心是确立“需求导向”而不是“创业者导向”。这条原则看上去简单无比，实践起来却困难无比，它要求创业者从“自我”转变为“忘我”。能突破这层天花板的创业者，会让自己上升到一个新的境界，形成一种新的惯力。

第三驾马车：培养同理心，发挥想象力。

同理心是跳出自我的小圈子，设身处地理解别人的内心感受和需求的一种共情方法。毛不易创作并演唱的《像我这样的人》为什么广为流传，因为你觉得他唱出了自己内心的渴望与挣扎；为什么有些创业大咖的演讲总让你印象深刻，因为你觉得他替你讲出了内心所想。**优秀的创业者，往往都有极强的同理心，都是玩心理的高手，**因此能在超出常人几个层面的认知高度俯瞰众生。

除了同理心，丰富的想象力也是跳出自我小圈子的一个有效方法。想象力是一种令人惊奇的思维能力，一个强悍的创业者往往具有丰富的想象力，敢于天马行空。马斯克的火星移民计划、超级高铁计划、SpaceX 星链计划等，起初看上去是天方夜谭，却都在一步步实现，为整个人类开辟一种新的生活方式和未来生存之路。

如果你有兴趣，还可以去看本书附录“特别奉献二”，它是一套成形的失败认知性复盘分析框架，由真格基金真格学院院长顾及女士从斯坦福大学引入并进行了优化。

不轻易把自己说信，跳出自己看别人、观世界。人生如此，创业亦复如是。这不只是给创业“治病”，更是一种睿智的人生态度。

勤劳的双脚奔跑在错误的道路上

2019 年春节刚过，网上掀起了一场关于“996 工作制”（朝九晚九，一周工作六天，共 72 小时）的大讨论，不仅普通职场人士疯狂吐槽，刘强东、周鸿祎等大咖也现身说法，最终形成两派观点：一派是“996”的高强度不可取，生活幸福感严重下降；另一派是“能够 996 是修来的福报”，要获得成功和美好生活，要得到别人的尊重，就必须付出超越别人的时间和努力。

在我看来，不管是“996”还是“955”（朝九晚五，一周工作五天，共 40 小时），都只是一种解决问题的工作方式。你就一定能保证“996”比“955”更忙、效率更高吗？不见得。更别说国家相关部门在 2021 年已经明确指出，“996 工作制严重违反法律关于延长工作时间上限的规定”。很多人以为工作忙就意味着效率高，这是一种误解，忙碌和高效不是一回事。

关键在于是不是在瞎忙，是不是在“伪忙碌”，一定有人在“955”中工作成绩斐然，也一定有人每周都“996”却停滞不前，甚至在走下坡路。

我有一位朋友的工作节奏就是“996”，每天累得半死、压力很大、面容憔悴，但他相信坚持下去总有熬出头的一天，结果公司裁员时他成了第一批被裁对象。被裁后他跟我说了一句特别扎心的话：“‘996’坚持 4 年，身体累垮，娱乐为零，存款别想。”

对这位朋友的遭遇，我深表同情，但回头看看，却发现这是必然：他有的不是 4 年工作经验，而是同一个经验用了 4 年，每天基本重复同样的事情，没有精进，典型的“行动上积极、思想上懒惰”，他只是在瞎忙。如果我是老板，也会把他裁掉。

没成功可能不是因为你不忙，而很可能是因为你在瞎忙。

太多人都是在伪忙碌，《纽约时报》称之为“忙碌陷阱”（The Busy Trap），很形象。

虽然伪忙碌是一种陷阱，一种假象，但假象往往比真相美好得多。仔细想想，你身边有多少人借忙碌来刷存在感，用忙碌来掩饰自卑，甚至借伪忙碌来保护自己，只因它可以让人产生安全感——“我没有功劳，也有苦劳”“我就是一直在忙工作，你能说我什么？”

忙碌可能是正道，伪忙碌则一定是歪理。

我不想讨论伪忙碌带来的心理“自嗨”，它是我们每个人都有意无意会采用的心理按摩工具。我自己也曾看起来无比忙碌，但从 2018 年起我给自己定了一条工作原则：一般情况不约饭，有事尽量电话谈。我知道这很难，但只能坚持。

原因很简单，本来电话就能谈清楚和快速决策的事，非要用约饭的方式解决，不仅时间成本会增加 3 ～ 4 倍，精力成本也会大幅上升，在北京一出门就是一天，回到家哪儿还有力气去做其他事。一场饭局，能解决问题还好，有时觥筹交错热闹了几个小时却没谈到正题，感情也没有因为一顿饭而加深……用忙碌来刷存在感和陷入无效社交，最后会让人罪恶感爆棚。

这个世界上，最难约聊的是三类人：创业者、政府官员和要追的女朋友。

复盘创业者一天的日程，你会发现是一张令人窒息的日程表：一大早先开两个内部会议，然后急着去见投资人，中午趁午饭时间赶紧面试，下午赶场去参加某个创业论坛，晚饭跟几个月前就约好的同学一起吃，晚饭后回公司开会，中间抽空在线上商学院听课，用在路上或车上的其他碎片时间来处理各种紧急突发事件，凌晨两三点后，在红着双眼、疲惫到极点的状态下倒头就睡。

没有哪一个创业者不是这么一天天熬过来的。然而，把自己的时间“塞满”的努力和勤奋并没有化作公司前进的动力，有的公司很快撑不下去了，团队解散，整个人跌入低谷。只有在反思失败时，才会发现自己曾经做了那么多盲目、低品质的努力。

很多创业项目都是被自己“忙死”的，伪忙碌是一种不易察觉的恶习和路径依赖。

俞敏洪曾在北大的一次创业论坛上对台下的创业者直言，“类似论坛不要来听，浪费时间，回去好好做自己的事……”。虽然这样的话让在场的组织者颇为尴尬，让创业者听着极为刺耳，却是苦口良药。对普通人来说，伪忙碌只意味着生命被消耗了几个小时或几天；对创业者来说，伪忙碌就意味着出局。

那么，究竟什么是伪忙碌？如果你所忙碌的事情，并非当下最紧急的工作内容，也不是采用最直接、高效的工作方式去完成，更不是让自己行进在最趋近于创业梦想和创业成功的正确方向，就是“伪忙碌”。

要彻底打破伪忙碌的习惯，先要搞清楚自己是哪种忙。

伪忙碌至少有两个层面：一是忙的内容有偏，看上去忙得不可开交却没有成果；二是忙的方式不对，看上去手忙脚乱却效率低下。

用“工作内容”和“工作方式”画一张 2×2 矩阵图（见图 3-1），就能看出你是伪忙碌，还是真忙碌。其中，工作内容代表你的方向是否正确，工作方式代表你的方法是否得当。要特别指出的是，如果工作内容是错的，不论方式是否正确，结果都将是灾难性的。

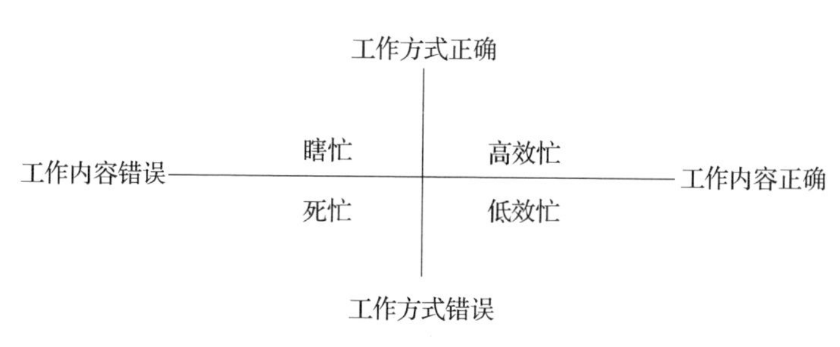

图 3-1　四种创业忙碌的方式

为什么会出现伪忙碌？至少有三个深层次的原因：一是误入盲区，二是做加法，三是缺乏思考。

首先，误入盲区让创业者不知不觉地伪忙碌。

盲区就是自己看不见的地方。创业就是创始人带着一群伙伴朝着一个不确定的目标前进，误入盲区是常有的事。正因如此，很多伪忙碌并非有意为之，而是在不知不觉中给自己挖了个坑。比如，经常会出现这样一种情况：创业者为了达到最终的目标 A，必须先完成目标 B，于是，走着走着，B 似乎就成了自己的创业目标。如果 B 一直未达成，他就会把全部精力放在 B 上，真正的目标 A 被忘得一干二净。这就是一种盲区。

还有的创业者经常把自己感动了，爱上自己的创意，没做市场调研，就去瞎忙，沉浸在自己美好的想象中（其实是方向错误），并沿着这条路一直走下去，却忘了真正应该做的是从市场中、从消费者那里发现需求。这是另一种盲区。

当人长时间处于盲区之中，就会形成一种路径依赖，在错误的道路上一直跑下去。雷军说过“不要用战术上的勤奋，掩盖战略上的懒惰”，即为此意。

创业者最大的盲区，是缺乏战略定力。不少创业者在面对所谓风口或热点的诱惑时就不淡定了，每个机会都想试试，但从没有对一种想法进行深入冷静的思考。在上一个创业计划迟迟看不到希望后，心态失衡的创业者就着急做下一件事，甚至同时运作好几件事。折腾几下，半年很快过去了，资金耗尽，人气耗散，资源耗空，关系耗没，公司坠入深渊。

其次，习惯做加法导致创业者“不得不”伪忙碌。

创业者几乎每天都在做加法。在不少创业大赛上担任评委时，我发现一个普遍现象：大多数创业者（尤其是初次创业的人）喜欢把参赛项目包装成一个完美项目：既能解决行业痛点，又有独特优势。于是，这些项目往往有一个特点：别人有的，我有；别人没有的，我还有。

这是一种典型的加法思路，背后的逻辑是：做的加法越多越有安全感。在这种思路驱使下，一些创业者习惯性地在研发中不断加入自己认为消费者需要的功能，以为功能越全越有竞争优势，越能赢得消费者的青睐。

真是这样吗？显然不是，这些附加功能有 99% 都是多余功能。结果是为了实现这些多余功能，团队不得不投入大量精力，反倒忽略了对主要功能的优化和迭代。市场真正需要的恰恰是小而美而非大而全的产品。

怎么判断自己是不是在做加法？

有一个简单方法。当你发现自己每天的事情不是越做越少而是越做越多，事情不是越理越清晰而是越理越糊涂，效率不是越来越高而是越来越低的时候，就要开始提醒自己了——你很可能在做无谓的加法。

最后，缺乏深度思考让创业者陷入“无限循环”的伪忙碌。

如果伪忙碌只是让我们的身体疲劳，或暂时偏离方向，那还好说。最怕的是，伪忙碌大幅削弱我们深度思考的能力，而这恰恰是创业者最重要的能力。

不少创业者在思想上很“懒”：要么遵循自己的惯性思维，很少把一件事想透；要么习惯听从别人（所谓权威专家）的建议，放弃独立思考；要么逃避问题，不愿建立一种问题追溯和解决制度……于是，他只能用行动上的积极弥补思想上的懒惰和迷茫，很快陷入一种无限循环的状态：每天不停地开会、见人、赶场，每天不停地寻找投资人、客户、人才、供应商，每天都把希望寄托在下一个、再下一个机会上。

这种无限循环势必会削弱我们的思考能力，甚至让我们停止对方向的探索、对方法的研究和对环境的感知。而停止思考后，我们又会朝哪个方向走呢？朝简单的方向走，朝熟悉的方向走，朝顺手的方向走，朝别人说的方向走，朝千万遍重复同一个动作的方向走，就是不朝解决问题的正确方向走。

说了这么多，其实只有一个目的：创业者必须撕掉伪忙碌的外衣，从失败中寻找改进的空间，做一个高效的创业者，一个远离伪忙碌的人。

具体有以下几招供创业者参考。

停下来深度思考，跳出盲区

当你发现自己在伪忙碌，请停下来思考。思考不但不耽误赶路，还能帮你尽快找到盲区。创业者容易犯的一个错误，就是在陷入低潮和迷茫时“病急乱投医”，轻信所谓专家和前辈的话。任何人的经验都只有在他当时的条件下才有效，没法直接照搬，你必须自己判断是否适用于你当前的情况，并创造性地运用。

深度思考至少包括三个方面：一是什么才是让自己最趋近于创业梦想的正确方向，二是什么才是最高效、最直接的工作方式，三是什么才是当下最重要、最具决定性的工作内容。

做减法，而不是做加法

切勿多任务处理，而要专注于一个重要目标。10 个零散的 1 分钟累加产生的效益永远赶不上一个专注的 10 分钟产生的效益。学会用思维导图搭建工作平台、分解工作任务，用图画和文字工具梳理思维、提升判断力、删减冗余任务。同时，明确可落地、可执行的纪律和规则，用纪律和规则去处理杂事和问题，不要总亲自上阵充当“救火队员”。

进行卓有成效的时间管理

- 轻重缓急原则：依据“重要性”和“紧急程度”确定事情的优先级，按优先顺序依次完成每件事，会让你更高效。其中，要特别注意的是，避免让重要的事变得紧急，不要做急事的奴隶。
- “二八”原则：用20%的时间去做一些不知道未来会发生什么或必须处理的杂事，把80%的时间花在最核心、最关键的事情上。
- 提前计划、随时记录：设定短期目标和固定检查节点，用管理软件将目标细化到每一天，分担目标压力。有效使用如排队、坐车等的碎片化时间，随身携带笔、纸（或用手机记事本）记录一闪而过的灵感、想法以及其他任何有必要记录的事情。

敢于做一个“不说自己忙”的人

一个善忙的人，是不说自己忙又能踏实安静做事的人：一方面，不抱怨，不随意寻求建议，碰到问题快速采取行动并解决；另一方面，不做超出能力范围的事，尽量确保每件事都在能力范围之内，每天给自己留出一些空闲时间。

忙之有道，善忙者更有机会胜出。创业不讲苦劳，只看功劳，千万别把忙碌当作进步。这话虽然听着有些冷血，但比这更残忍的是伪忙碌把你拖入深潭泥沼而你却无力反败。

急于求成＝加速失败

2019 年 6 月 13 日，科创板在上交所正式开板。7 月 22 日，首批 25 家企业上市，股价平均涨幅超过 100%，瞬间造就百余位亿万富翁。受此鼓舞，我的朋友圈从当天中午开始就鸡血满满，“祝贺 ×× 兄弟的公司科创板上市，市值过百亿！我也要加油啦”。

努力当然是好事，但不知道又有多少创业者在心里暗暗把自己的上市目标往前调了一年，快点，快点，再快点！这种“快”，往往会变成“急”，它为创业者敲响的不是稳健上市的洪钟，而是加速失败的丧钟。

有一个人不急，他就是王兴。

2018 年 9 月 20 日，王兴用力敲响了港交所的大铜锣，宣告美团在香港联交所上市。美团投资方今日资本的创始人徐新也到场祝贺，她这样评价王兴："很多人都着急赢，但他并不急于求胜，这种人挺可怕的。"

在美团和大众点评合并后的融资中，今日资本重磅进入，投资金额在基金总规模中所占的比例"非常非常高，高得有点吓人"。对于为什么如此看好美团，徐新说："王兴一直初心未改，有人会很在乎股价、短期利益，但美团还是按照既定的打法来做，他想东西都想得很长远。他给我推荐了一本书，《有限与无限的游戏》，他说这场战争可以一直打下去，这让对手挺绝望的，对不对？他可以一直和你耗下去，很多人就耗不住，这里收购那里兼并。"

人们常把创业比作一场战争。战争拼的是什么？不是我们大多数人理解的拼搏和牺牲，恰恰相反，战争拼的是忍耐和煎熬，拼的是一直耗下去等待对手主动犯错的耐心。

王兴在回顾美团和对手在团购上的竞争时说："……确实，团购的事情不是我们打赢的，不是我们打倒了对手，是它们自己绊倒的。再比如，你觉得去哪儿网是怎么输掉的？是因为它们不够有耐心。"

耐心不是忍让和停滞不前，而是持续精进，等待时机让对手犯错。

什么样的耐心才能称得上创业的耐心？

你以为苦3年就够了？其实不够，可能还要再苦3年，甚至之后还要接着再苦3年。你以为抓住了一根救命稻草，但后面还会有一根稻草，也许这才是真正能救命的那一根。永远不要觉得挺过下一个难关就万事大吉了，因为之后还有另一个。

一位有过三次创业经历的创业者（其中两家公司上市了，一家公司成功出售），在谈到创业成功所需的时间时这样说："一开始我们设定了雄心勃勃的目标，希望能在4年内带领公司上市……但是中途总会出现一些你无法控制的因素，必须保持耐心。如今13年过去了，我们这家公司也取得了很好的成绩……通常情况下，取得成功所需要的时间总会比你预期的要长。"

忘掉终点，这就是耐心。

创业是一场比拼耐力的超级长跑，创业成功就是你跑赢了试错的马拉松、从千万个坑中幸运地跳出来时自然呈现的结果。**没有足够的时间，没有之前长期的试错和失败积累，你就无法在短期内爆发——这就是创业的时间公式。**

创业的长期究竟是多长？没人知道。但这不重要，重要的是你能挺到终点吗？你能等到最后一根救命稻草出现吗？

大多数人都不行。但这并不是你的错。

急于求成、急功近利几乎是所有人的本性。你有没有发现，在各类培训课程中，永远都是带有“速成”两个字的课程卖得最好。当然，在创业中，急也并非一无是处，有时它会让你集中精力加速迭代，推动事情向前发展，对有拖延症的人来说更是如此。

然而，有一种让你初心变味、动作变形的急是不好的。因为它破坏了创业的时间公式，打乱了创业的正常节奏。

我认识一个家里做生意的连续创业者，从小接受商业熏陶，前两次创业靠做老本行赚了些钱。到了第三次创业，共享经济兴起，他开始追逐风口做共享童车。在搭建了一个基础的商业模式并在一个小区里试验成功后，他没有做规模测试，就急着推广到其他十几个小区。

始料未及的是，由于童车的破损返修率高，十几个小区一齐上马导致运营成本骤然上升，人员跟不上，资金又有限，顾了东头顾不了西头，事情的发展大大超出了他的预期。最后不得已关停项目，之前赚的钱全部投进去不说，还欠债几百万元。

这次大败让他好一阵儿才恢复元气。反思两个月后，他说了一句让人印象深刻的话，“还是自己认知不够，财务模型没跑出来，就冒进做规模，我不死谁死”。

这位创业者的急，导致规模扩张的正常节奏被打断了。

这就好比制造业中的产品创新，必须遵循从概念设计到小试再到中试的流程，不能跳过任何一个环节。你在实验室里造出一个产品样机，只具有技术上的可行性，还要通过后期的小试、中试等，进一步验证其质量是否稳定、工艺是否可靠、生产成本是否可行，等等。不少创意独特、技术领先的新产品，没做好前期功课，就急着投放市场，只会最终失败。

老天爷不会让任何人轻松过关的。

除了经验缺失导致的节奏冒进，还有一种是“刻意”的急，明知创业的正常节奏，却受外界干扰偏离初心，人为加快节奏自乱阵脚。尤其是那些两三年就登陆资本市场实现财富梦想的神话，搅动了无数创业者的神经。比如，2018 年 4 月，创立仅 2 年的摩拜单车以 37 亿美元卖给美团，创始团队退出。

“看来快速致富是可以的，也许下一个就是我！”好了，你开始急了，激进转型、盲目扩张、大量招人等非常规动作接踵而至。结果，欲速则不达。

小马过河曾是教育行业叱咤风云的创业企业，主攻线下留学咨询和全日制教学，一度占据北京北美留学市场第二的位置。2014 年，小马过河收入高达 1.6 亿元，员工 900 人。然而，为全面拥抱互联网，2014 年后公司不顾实际情况激进转型：全面做线上培训，关掉盈利能力良好的线下门店、停卖线下明星产品、裁掉销售团队、停掉搜索引擎营销（Search Engine Marketing，SEM）、做微信营销、推出低价线上产品、做各种辅助学习 App，同时还在百度花费大量资金投放广告，获客成本急剧上升。这直接导致企业收入降低，运营成本激增，亏损的娄子越捅越大，现金流断裂，最后倒闭。抢占先机的急功近利心态，最终让“小马跌到河里”。

再回到前面几家成功上市的公司，它们是靠加速获得成功的吗？来看看真相。比如，网传摩拜单车创始人胡玮炜套现 15 个亿离场，这只是人们没有根据的简单推测。

深入剖析任何一个成功的创业案例（而不是表面看热闹），你就会发现，很少有人是突然冒出来用两三年时间就把公司做上市的，哪一个不是从过去的无数失败中吸取教训的，哪一个不是奋战了几年甚至十几年的。

2014 年，《中国青年报》记者采访褚时健，问他怎么看待现在年轻人想“一夜暴富”的浮躁心态。褚时健说：“现在的年轻人知识面宽，信息量大，比我们那时强多了，但年轻人的特点还是一样，把事情想得很简单。有一次，一个年轻人从福建来找我，说自己大学毕业六七年了，一件事都没成功。他性子急，目标定得很高，想‘今年一步，明年一步，步步登高’。我对他说，你才整了六七年，我种果树十多年了，你急什么？……我种橙子一开始也急，但现实教育我们，果树每年只能长这么高，肥料、水源等问题都是原来想不到的，所以急不得。”

正所谓“**创业者的心里一急，节奏上的重大失控**”。所有的急，实质都是一样的：

要么想用更短时间达到同样目标；

要么想用同样时间达到更高目标。

然而，当你的实力不够时，最好别这么干。尤其不要着急进入非专业领域，否则会让自己陷入一种“不专业”的急，自讨苦吃。即使巨头也不能违背这条铁律。

2015 年 1 月，百度成立移动医疗事业部并上线百度医生 App，但整个事业部懂医疗的人少之又少。一开始，百度想依托自己的流量优势进入挂号 O2O 和在线问诊服务领域，但当时已有春雨医生、挂号网、平安好医生等多家类似的公司，每家公司都有自己的优势和资源。百度虽然通过疯狂采购流量与对手抗衡，但收效甚微。在百度医生发展受阻后，百度又转向健康数据平台、送药 O2O、医学学术方向，均无太大起色。2017 年 2 月，百度医疗事业部整体裁撤，4 月，百度宣布百度医生正式关停服务并清空数据，就此退出江湖。

医疗行业需要大量专业人员和前期全线布局方有可能深耕，靠短期的流量优势突击攻坚很难做成。靠短期流量优势突击攻坚，各方缺乏合作动力，最终只能败退。

当然，还有一种“恶意”的急，就是数据造假。

不少互联网创业者为快速抬高公司估值获得资本市场青睐，会进行大规模数据造假。我认识的一位投资人，本来很看好一家医疗器械平台型企业，但尽职调查后发现，这个项目在点击率、活跃用户数、次日留存、复购率、用户转化率等各方面都存在不同程度的数据造假，不得不放弃投资。IDG 资本的熊晓鸽曾说，“创业者数据造假终生受惩罚”。果不其然，不出 3 个月，这家公司因为没有融到资而倒闭。数据造假不只是对自己的创业不负责，更是触犯了商业底线。

不管哪种急，只要你一急，就会犯错。为什么？因为它让你面临的边际风险瞬间呈指数级增加，根本来不及处理，“老江湖”也不行。

什么是边际风险？打个比方，你开车超速时，时速每增加 5 公里，出车祸的风险就会增加一倍！这就是边际风险。一旦你强行超车，看上去缩短了时间，却大幅增加了出车祸的风险。常规失败是个循序渐进的过程，中间会有补救、修正的机会，急于求成则类似马拉松赛中的加速跑，心脏负担骤然升高，极易猝死。

你若强行压缩、扭曲创业的时间弹簧，它只会用疯狂反弹报复你，直到你猝死。

看到这儿，也许有人会说，高风险才有高收益。千万别混淆，高风险高收益要这么理解：高风险首先代表高死亡率，只有当你熬过了死亡危机，才有资格谈高收益。对于很多挥舞着商业计划书说要上市的创业者，先活下去才是王道。

怎样才能改掉急于求成的恶习？牢记三条“抗急”准则：一是把控节奏，慢就是快；二是延迟满足；三是不走捷径，用时间换空间。

把控节奏，慢就是快

万事讲究节奏，创业者必须自带节奏。如果把创业比作一场交响乐，创始人就是乐队指挥，在关键的节点要做出正确决定，一旦慌了神就满盘皆输。华为从 20 世纪 80 年代成立至今，历经无数竞争和打压，但在几个重要的竞争节点从来不着急，一直踏实慢行。慢就是快，华为如今已是全球通信设备行业走得最快、走得最远的企业。

步步高创始人、vivo 和 OPPO 手机幕后大佬段永平曾说，所有高手都“敢为天下后，后中争先……我们虽然（看上去靠）后，但比别人做得更好。我们公司成功不是偶然的，坚持自己的‘Stop Doing List’（不为清单），筛合伙人，筛供应商，慢慢就会攒下好圈子，长期看来很有价值”。

遵循“慢就是快”的原则，把控创业节奏，这是创业者“抗急”能做的第一件事。

让延迟满足成为你创业的座右铭

我们来看一个著名的心理学实验“棉花糖测试”。研究人员让一群 4 岁的孩子选择现在就得到一份零食，还是 15 分钟后得到两份零食。结果是：有些孩子过了几秒就坚持不住了，而有些孩子则不会紧盯着零食，等过了 15 分钟研究人员回来后他们拿到了两份零食。10 多年后，研究人员发现，那些能够坚持 15 分钟后再要零食的孩子，相比那些马上想要零食的孩子，在事业上和人际关系上都更成功。这些后来人生更成功的孩子，都是具有延迟满足感的人。延迟满足是指一种甘愿为更有价值的长远结果而放弃即时满足的抉择取向，以及在等待中展示出的自我控制能力。说白了，能做到延迟满足的人，具备一种“活在未来的能力”。

忘掉快速成功，培养自己活在未来的延迟满足能力，是创业者“抗急”能做的第二件事。

不走捷径，用时间换空间

创业是个长期过程，你需要经历足够多的过程才能达到目标。不可否认，有人确实追到了风口，成功上市成了“黑马”，但如果你追风口的本事没有别人大，如果你没有成为“黑马”的潜质，那就扎扎实实把一件事做好。一件事做十年就会变得不可替代，当你成为某个领域的“工匠”，把事做到极致，别人就很难替代你了。这就是通过时间换成长空间，用时间建立自己的创业壁垒、形成自己的竞争优势。看遍世上的成功者，有谁离得了这一条呢？

聚焦当下，不走捷径，每天坚持做正确的事和正确地做事，成功往往会不期而至，这是创业者“抗急”能做的第三件事。

即便内心再无助和迷茫，外界再浮躁和充满诱惑，我们仍要坚定地做一个长线创业者，这才是反败最可靠的时间根基。

习惯补短板，却不小心丢了长板

孟婆是公众号“孟婆说”的创始人，她的文章文笔细腻、真实走心。2018 年，厌倦写作的她想要“看到另一条路上的风景”，于是决定创业。2019 年 7 月，她发了一篇长软文，回顾了自己创业 1 年半以来的心路历程，最后承认自己并不适合创业，“**每个人都有自己的绝对优势领域**”。

孟婆创业做的是漫画，而且定位在细分的精品漫画领域，她认为“只有这样才能把自己和头部 CP 公司区别开来”。

直到失败，她才开始反思：为什么这些头部公司不做精品漫画？难道它们没能力？踩了坑，才明白个中血泪。最让孟婆痛彻心扉的是，她放弃了自己擅长的写作和内容输出的强项，换了一个完全不擅长的漫画创业赛道，“如果非要拿自己的短板去与别人的长板做比较，只会让自己陷入极度的绝望和痛苦之中”。

最后，孟婆写道：“我不必成为什么出名的女企业家，因为这件事我不擅长，有人能做；但我可以写作，用文字治愈许多人，这件事情是那些女企业家做不到的……而曾经的我却多么可笑，竟认为自己的写作没有价值。”

孟婆的创业经历至少说明了一点：**放弃自己的长板，用短板去和另一个领域的专业公司竞争，绝非明智之举**。这恰恰是创业者容易犯的一个习惯性错误。

也许有人会说，现在跨界创业不是再正常不过了吗？没错，跨界创业很正常也很酷，但你要看自己是不是跨界的料，有没有资源和能力去跨界。

稍微研究一下跨界创业的成功案例，你会发现，真正敢于跨界进入别人长板领域的，一定是有家底、输得起、把这事前前后后都想明白了的人。对一个没有什么根基和经验的普通创业者来说，在自己不熟悉的领域创业，风险极高。即便是那些有家底的跨界者，也不是都能成功，失败率照样很高。

除了孟婆这样没有经验的创业者之外，即便是之前创业成功的创业者，也会经常放弃自己的长板，仅凭好奇和冲动就去自己的短板领域创业。

有一位连续三次创业的人，前两次都小有成就，尤其是第二次创业，把一个之前年营业额只有几万元的项目做到了上千万元。然而，由于感觉自己所从事的行业有“天花板”，规模做不大，于是他在2011年决定放弃用两年打拼获得的稳定业务、成形的商业模式和磨合好的团队，转向自己并不熟悉的文化艺术生态产业地产，希望能在已发展成熟的住宅和商业地产行业中弯道超车，成为一匹黑马。

这位创业者之前没有从事地产开发的经验，仅认为凭借差异化定位、理想和格局，以及他笼络来的高管和艺术家团队就能玩转地产。结果，这个倾注了他所有心血和投入所有资金的项目，因为政策变动而搁浅。他在反思失败时，写下了下面这段话：

“很多成功的500强企业都遵循‘守正出奇’的原则，把原本熟悉的行业和业务做大做强，保持可持续造血的业务，然后才进入新领域拓展新业务。我偏偏把原来做得轻车熟路的行业放弃了，把原先经验丰富的团队解散了，在没有现金流、没有能够持续获得收入的业务的情况下，完全投入到一个陌生的新领域，导致在新领域一遇到挫折，就造成公司没有现金流、新业务收入难以为继，导致失败。”

人生，不也正是一个在自己的长板与短板间选择和较量的过程吗？

孟婆和这位创业者都是拿自己的短板跟别人的长板硬杠，踩了一个大坑。事实上，**创业者更容易犯的是另一种错误：习惯花大量精力弥补自身短板，反倒忽略了发挥自身长板的优势。**

那么，到底什么是长板，什么是短板？

这就要简单提一下风靡企业管理界的“短板理论”。短板理论说的是一个桶的盛水量取决于其中最短的那块木板，要想多盛水就必须加高这块短板。每个企业都是一个木桶，管理者要及时找出自己的最短板并全力弥补，才能在竞争中胜出。

这个理论听起来几乎找不出漏洞，不仅大公司高管爱讲，很多创业者也常把“补短板”挂在嘴边。然而，如果真在创业中把补短板看作比发挥长板更重要的事来做，那么“恭喜”你，你已经中招了。

短板理论的逻辑是尽早去弥补每一块短板，这是一种偏执的理想主义。

对一个普通创业者来说，刚开始几乎什么都没有，换句话说，连个像样的“桶”都没有，几乎到处都是短板，补哪儿，怎么补？这个时候先别想太多，先把自己的长板发挥到极致，博得一线生机，让自己活下去，这才是创业初期最实际的目标——有多少创业者没熬过生死线，没来得及发挥自己的长板，就在黎明来临之前死掉了。

另外，创始人在团队里是最累的，对内是榜样，对外是招牌。为了让自己显得更加“优秀”，创始人会不停地挑战自己的短板，慢慢就踏上了把短板当长板来看待的不归路。自己的技能看似变得更加均衡了，但这只是一种错觉：实际上，你以往的优势被弱化到和自己的短板一样的水平了，而不是有效弥补了自己的短板，更别提超越自己的长板了。迷失啊，迷失！

说白了，创业者要“扬长避短”。伟大的公司不一定每块板都强，但一定是把擅长的板做到了极致。

乔布斯是个完人吗？当然不是，他被董事会赶出去过，也有过很多执念。苹果公司做到面面俱到了吗？它的每一块木板都比竞争对手长吗？显然也不是。苹果公司能把手机产品做得几乎人人都喜欢，就是在极力凸显自己在产品理念和产品设计上的长板，事实上它的短板还有很多，也经常被人诟病，但它凭借长板几乎拥有了一切。

创业者找准自己的长板，就是弥补了最大的短板。

那么，是不是要扬长避短，就不去填补短板了呢？必须讲明白：发挥长板并没有否定补短板的重要性，**我们反对的不是补短板，而是过分地补短板。**

那么，当创业出现短板时到底该怎样去补？要特别注意以下四点。

个人发挥长板，团队修补短板，但个人必须了解短板

最好的方式不是自己花费大量精力去补短板，而是用拼板的方式，寻找能弥补短板的人才，几个人的长板加在一起，就成了团队的长板能力。如果一个团队要会十八般武艺，则每个人至少要精通一两样兵器，就是这个道理。

试想，马云不懂技术也不太懂金融、营销，如果一开始他就放下自己的长板而去恶补技术和金融、营销，阿里巴巴肯定不会是今天这个样子。

任何创始人都一样，肯定在某个方面特别强。然而，对创始人来说，你必须了解自己和整个团队的短板是什么，清楚短板的瓶颈和懂得相关的专业知识。不能说这个我不懂，

我就不管了。你必须懂，但不一定要精通，这样，优秀的人才会从心里认可你，否则招人就变成了碰运气。

初期重在发挥长板，成熟期重在补短板

中国人做事往往喜欢先分析自己的劣势，然后想办法弥补自己的不足，追求样样不落人后，努力活在别人描绘的完美模式之中。这样的思维习惯并不好，人生有限，不该一开始就把大把时间和太多精力花在补短板上。

企业在发展初期，重在利用自身优势，通过持续学习不断放大长处，比如凭借关键技术占领风口领域，通过人脉资源获取早期用户……之后再在扩张中及时引入合适的管理人员，建立良好的公司管理架构和机制。德鲁克说过两句话，第一句是“Do the right thing”(做正确的事)，第二句是“Do the thing right”（正确地做事)。对创业者来说，一开始要做正确的事，也就是要发挥长板。

小时候，老师总会把学生分成两类：一类是偏科生，另一类是全科生。在每个学期结束的评语中，老师也总会写上这么一句：“ ×× 同学有些偏科，希望下学期能兼顾。”于是，很多在单科上有天赋和专长的同学，开始悲摧地补其他较弱的科。诚然，为了提高总成绩而补科没错，但一旦时间分配不好，用力过猛，反而会导致更差的结果：较弱的科成

绩没上去，擅长的科成绩却下来了，最后成了“四不像”。

补短板要看企业自身的发展阶段。真正能最大限度将短板理论发挥作用的，是那些已经熬过生死期进入稳定期的相对成熟的企业，这个时候它才有可能、有资源、有精力去补短板。成熟企业的长板一直都有，重点是弥补短板，补了短板，它的整体实力就会得到提升。

互联网和小而美的创业要拼长板，高科技创业要补短板

互联网创业不要找短板，要迅速找长板、拼长板，因为互联网发展一日千里，补短板显然跟不上市场动态。反之，高科技创业则要补短板，否则，出一个破绽，市场就不认你，对手就攻击你。小鹏汽车创始人何小鹏在一个论坛上就说过，“互联网创业的人，不要考虑短板的问题，一定要考虑哪两块板最长……但车不一样，硬件不一样。比如汽车，我认为它有500块板，首先它的板最多，其中任何一块最短的板，都足以决定车的安全、品质、销售、品牌等一系列东西，靠长板不足以做好，短板才决定你的系统性。所以，这是两套体系，也导致两种不同的决策模型”。

事实上，很多小而美的项目适合用“长板”理论，它们只适合做特别小的一个领域，在做的过程中，要极力突出自己的长处和优势，才有机会脱颖而出。

致命短板必须补，次要短板可宽容

补短板容易吗？当然不易。不但自己补短板不易，即便找他人补短板也不容易，运气不好的话，你可能一辈子也没法补齐自己的短板。这个时候，就要对短板有自己的判断：补齐致命短板，容纳可承受的次要短板。

所谓致命短板，就是一旦出现，你的一切努力和积累就都会白费的短板。比如硬件创业，如果你做出来的产品质量不稳定，类似波音 737 Max 出现的自动驾驶操作系统漏洞，那就是致命短板，不解决就彻底成为噩梦；即便后来解决了，恐怕也难以再赢得用户信赖。次要短板，则是可以暂缓去弥补的那一类短板，并不影响大局。

每个企业情况不同，创始人要自己去判断到底哪块是致命短板，哪块是次要短板，这两块短板还有可能随着时间发展而相互转化，这就更需要创始人有一双火眼金睛。

不用自己的短板去创业，不花过多精力补短板，改变你的惯力，才能让好习惯真正发挥出它持久而可怕的威力。

04

第四章

修炼你的心力

既然必须闯过地狱，那就走下去。

——丘吉尔

心力：时间和压力的杰作

人永远在自己与世界之间徘徊和思考。然而，世界不会因你而改变，你却可以改变自己对世界的看法。

一只蜘蛛艰难地在墙上往上爬，由于墙壁湿滑，爬到一定高度就会掉下来，但它还是一次又一次向上爬，尽管一次又一次掉下来……

第一个人看到了，幽幽地叹了口气："我的一生不正像这只蜘蛛吗？终日忙碌却无所得。"于是，他日渐消沉。

第二个人看到了，突发灵感："这只蜘蛛真愚蠢，为什么不从旁边绕过去呢？我可不能像它一样。"于是，他变得聪明起来，遇到事情不再钻牛角尖。

第三个人看到了，被深深打动："这只蜘蛛够勇敢的，屡败屡战！"于是，他变得坚强起来，敢于重新面对各种困难和挑战。

为什么这三个人对同一件事的反应和后续的行为方式完全不同？因为他们的心力模式不同，这决定了他们如何去做一件事情，并会影响到最终的结果。

所谓心力模式，是指根植于内心的对自己和外部世界的看法，它是你一切行动背后的指挥官。你的心力模式和行为方式永远在相互“纠缠”并彼此影响：你认为蜘蛛在屡败屡战，你就会变得坚强；变得坚强之后，又会让你对世界的看法变得更加积极。

对创业者来说，心力模式是在经历了时间和压力后形成的内在信念、认知方法和做事格局。**虚高膨胀型、自我固守型和超速进化型是最常见的三种心力模式**（见图 4-1）。

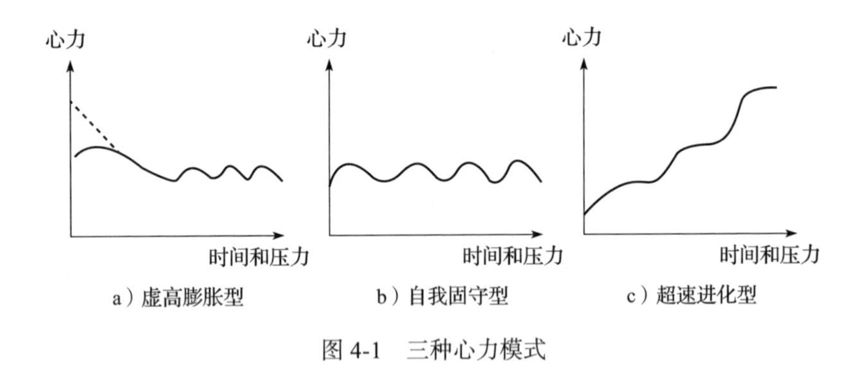

图 4-1　三种心力模式

来看看自己的心力属于哪一种吧。

虚高膨胀型

拥有这种心力模式的人可以用“心比天高，命比纸薄”来形容，他们看上去踌躇满志，却常常失算；他们厌恶失败，但只会甩锅外界环境；他们低估困难，往往一碰即碎，格局和视野终难形成。

拥有这种心力模式的创业者，往往都异常“优秀”——教育背景好，专业能力强，处世情商高，履历光鲜亮丽，所以被外界纷纷看好。同时，因为他们内心也会给自己设定较高的目标，创业成功似乎只是时间问题。然而，一个浪头袭来，看似坚固的“桅杆”迅速折断，整条“船”折戟沉沙，创业一开始时的意气风发荡然无存，虚高膨胀的泡沫一戳就破。

这是一种无意识的自我膨胀，不自觉地自视过高，幻想自己轻轻松松就能成功。这种心力模式一旦附体，就如同幽灵上身。

正是由于这类创业者一直走在一条比较顺的路上，优秀成为他们职场发展和个人社交的头牌武器，维持优秀成为他们追求的首要目标，创业无非是一个更牛的注脚。他们并非不知道创业有风险，但绝没想到困难量级如此之大。他们并非不知道失败了要从自身找原因，但最终会甩锅环境，不论是全球局势还是行业环境，都有可能成为他们用来搪塞创业失败的借口。他们同样憎恨失败，但最大的失败，是他们从没真正想过自己会失败。

不客气地讲，90%的创业者拥有的都是这种心力模式，只不过程度有浅有深。

自我固守型

拥有这种心力模式的人会不自觉地把自己“装在套子里”，他们看上去接受风险，实则自我设限；他们看上去接受失败，但很难真正改变自己；他们看上去接受挑战，却只用静态和片面的眼光看世界，自身的格局与视野一直被一层天花板压制。

龟兔赛跑的故事虽然老套，背后的“自我固守型心力”却颇有深意。兔子输给乌龟，不是因为盲目自信，而是它用一成不变的眼光看待动态变化的世界，忽略了时间的伟大力量。很明显，兔子不自觉地把自己禁锢起来，心力不及一只缓慢爬行的乌龟。

拥有自我固守型心力的创业者并非顽石一块，只是不善进化，钝于改变，更怯于创新。他们幻想自己的老一套办法仍然奏效，揣测靠以前行走江湖的方法就能搞定一切。然而，世事难料，世界抛弃你的时候，连声再见都不会跟你说。

就像中国有太多商界精英曾红极一时，但最终却像流星一样陨落，其中一个重要原因就是自我固守——老资格、老经验在以前的“慢”时代也许真的是资本，但在现在的“快”时代是把人拉下水的罪魁祸首。

拥有自我固守型心力的人，并非不敢面对风险，只是一旦找到了某个应对之策，他们就会躲进安全的壁垒内蜷缩起来，而不是持续寻找更优的应对方法。

也正因为如此，不少连续创业者到了一定阶段就“突然”停了下来，再也无法向上走，总有个无形的瓶颈在卡着他们，这就是他们的心力在背后作祟。如果不突破自我固守这个天花板，只是重复自己之前的故事，那么，十年前啥样，十年后还啥样；十年前公司是怎么死的，十年后还是同样的死法，无非你的额头平添了几道皱纹。

超速进化型

拥有这种心力模式的人，他们信念坚定，渴望不断超越；他们乐于接受失败，更善于研究失败；他们狂虐自己，在挑战中超速蜕变成长，终成拥有大格局、大视野的人。

你觉不觉得这种人很像疯子或“受虐狂”？对，他们就是。

世上确实有这样一类看上去“不正常”的人，他们违反常识、越挫越勇，更适合在创业的大舞台上演出。融创中国创始人孙宏斌以其鲜明的性格，多次到达人生巅峰，然而总在最得意时踏空，但他总能在每一次踏空后迅速崛起，有人甚至给他贴上“屡败屡战”的标签。

孙宏斌 25 岁成为联想接班人，27 岁时锒铛入狱，之后度过了 4 年的牢狱生涯；40 岁打造了当时国内销售额最大的地产公司顺驰，后来又因资金链断裂顷刻崩塌；45 岁完成企业 IPO……孙宏斌身上有两个鲜明的特点：一是极强的上进心，二是不屈服的坚韧性。这让他每次失败后都能拍拍身上的灰尘，快速站起来。面对别人的评价，他说，“活得精彩就值了”。

拥有超速进化型心力的人，往往在某个时点会出现心力的“跳跃”，对自身特点和创业的理解、竞争的把握、格局的掌控、宏观的预判等，有突变式的提升。不论在创业中经历了多少成败，他们就像一部高速运转的学习机器，一直在进化、迭代和创新。人们经常被王兴的一些言论惊到，而在投资人徐新看来，他就是“一部深度学习的机器……会花很多时间研究、琢磨、学习，能够选对新赛道”。

有些人并不见得拥有“超速进化型心力”，却总能在危难之时实现逆转。曾历经两届奥运会大起大落的“体操王子”

李宁，就是这样一个人。在他遭遇失败后，他以冠军的心重燃创业激情。

李宁公司是李宁在1990年创立的体育用品公司。公司成立之初率先在全国建立特许专卖营销体系，到2004年在香港地区上市，再到2009年营收突破80亿元并完成在中国市场对阿迪达斯的赶超。经过30多年的探索，目前的李宁公司已成为国际领先的运动品牌公司。然而，当2010年公司开始转型调整——放弃70后、80后市场，转向对90后人群的营销时，由于没有把90后的消费习惯吃透，加上研发团队的产品设计跟不上，导致了激进扩张中的危机。

2011年李宁公司营收开始下滑，2012年亏损近20亿元，2013年虽亏损收窄，但营收跌至52亿元，2012～2014年两年总计亏损近30亿元。2014年底，李宁在退居二线后再次挑起了公司总裁的担子，重启“一切皆有可能”的口号，公司战略方向由体育装备提供商向“互联网+运动生活体验”提供商转变，开启了最重要的一次变革。

年过五旬的李宁在公司的存亡时刻，爆发出如运动赛场上一般果决的英雄本色。他高调开通了微博推广公司，拉近了和客户之间的距离；亲自巡视专卖店，经常开会、加班连轴转到凌晨。虽然很辛苦，但李宁觉得：“辛苦却能够把事情做好，那是最大的幸福。”

就这样，李宁公司神奇地恢复了增长。2015 年首次实现扭亏为盈，2020 年营收超过 144 亿元，毛利超过 70 亿元。在公司从巨额亏损到实现盈利的能力持续提升的过程中，李宁表现出一个体育冠军在商业战场上的强大心力，有斗志，敢冒险，勇担当，重新点燃了公司的创业激情。

李宁的心力源于何处？源于运动员时期夺冠后又跌入低谷的大起大落，源于运动员所经历的种种常人体会不到的磨炼。

1984 年，李宁在第 23 届洛杉矶奥运会男子体操单项比赛中获得男子自由体操、鞍马和吊环 3 项冠军，一举夺得三金两银一铜，接近中国代表团奖牌总数的 1/5，成为该届奥运会中获奖牌最多的运动员。然而，到了 1988 年汉城奥运会，带着“体操王子”光环的李宁在吊环比赛中，脚挂在了吊环上；跳马比赛中，他重重地坐在了地上……在人们的惊叹声中，失误后的李宁却向众人露出了一个淡然的微笑。最后，李宁仅获得体操男子团体第四名，自由体操第五名，之后黯然宣布退役。

这个微笑让很多人不解，大家觉得失误后运动员应该感到懊悔，而不是好像什么事情都没有发生一样，这也招致了人们的批评和冷嘲热讽。后来李宁的队友楼云用 8 个字解读了他的微笑，“强颜欢笑，大将风度”。高龄参赛、伤病缠身但又背负众望，失败后的李宁想用微笑让队友安心比赛而不是沮丧。这个微笑，是李宁给队友们继续战斗的信心和勇气，是“体操王子”历经巅峰之后的从容与淡泊。

这种从容与淡泊，便是李宁收获的最大心力，让他在重出江湖担任公司总裁后能稳得住阵脚，扛得起重担。当一个人体会过走上神坛和跌落神坛的两重天地，他便拥有了其他人难以获得的心力体验，他的心力也在这个过程中得到了提升。

然而，超速进化型的人世间少有，只能用“罕见”形容。崔健写过两首歌，一首叫《一无所有》，另一首叫《死不回头》。创业者的人生不就是这样吗？从一无所有开始，然后一辈子不回头。真的，**在某种意义上，创业并不是所有人的人生，它只属于那些拥有超速进化型心力、执着于梦想的人**。

“双创”大环境不只传递给人们激情和冲动，还催生了大量虚高的泡沫。在任何时候都不会变，认清创业的实质恐怕才是最需要修炼的一种基础心力。

一位从硅谷回来的创业者，在首次创业失败后整天泡在国家图书馆，思考未来的方向，整理之前的日记。在整理过程中，他萌生了复盘的念想，便开始撰写《途客圈[一]创业记》——起初只是想写给自己和家人，后来又分享给途客圈

[一] 途客圈成立于2011年4月，是国内首个基于旅行计划的社交网站，在途客圈里，旅行者能够更高效地探索、计划、分享旅程。

的伙伴们。经过一段时间的写作、思考以及与伙伴们的深度互动，他开始重新审视人生、审视创业，接纳一些原本不愿意做的事情，不再看高自己，也不妄自菲薄。

心力模式没有一定的标准，亦没有绝对的好坏。

三种心力模式的创业者在面对失败时必然会做出不同的选择，积累的反败资本也有很大差异。超速进化型的创业者积累的反败资本，比自我固守型、虚高膨胀型的创业者要多（且积累得更快），他们的人生也在跌宕起伏中更加精彩。

能否认清自己、看透创业、理解世界、把握命运，不取决于别的，只取决于自己的心力模式。心力模式在我们身上的叠加，构成了最底层的操作系统。这个系统每天都在运行，每种运行方式都有不同的结果，决定着不同的方向。每个人截然不同的人生，恰恰是底层操作系统长时间运行的结果。每个人并非固定在某种心力模式上，心力模式可以提升，我们要做的就是以己为核，爬升人生四格。

以己为核，爬升人生四格

一位创业者在反思失败时，写过一段令人心痛的话："感谢创业失败把我逼到了走投无路的状态。正是在那种生命状态下，我才开始真正深刻反省。否则的话，我无论如何都不愿意承认自己的错误。不愿意认错恐怕是大多数人的通病。通过观照、反省、引导的净心，我真实地看到了过去的自己——一个虚伪、傲慢、追名逐利、好高骛远、不值得托付的人。”

心力的上升似爬格。**创业者心力的提升，永远离不开四格：己—己、己—人、己—事、己—世（见图4-2）。简单说，就是搞定己、看懂人、成就事、立于世。**

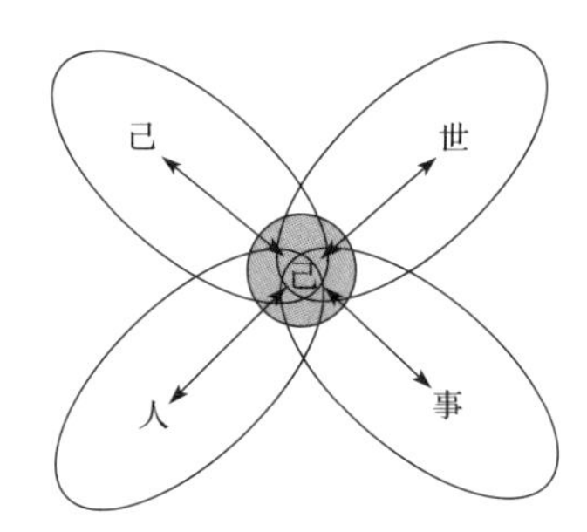

图4-2　心力的“己—人—事—世”图

搞定己（“己—己”）

自己才是创业最底层的操作系统，只有你自己搞定自己，让自己的内心足够强大，才能支撑起整座创业巨厦。一旦底层系统崩溃，万物皆逝。高心力的创业者，往往都拥有一颗“明心”“静心”。

明心，即发现自己的真心，真正认清自己。一是看自己是不是真的从心底想创业，不少创业者的一时热情终将散去。二是看能否始终坚持最真的初心，不少创业者创着创着就跑偏甚至跑丢，遇到挫折就丧失宝贵的初心。

静心，即远离浮躁烦扰，心静而身安豁达。始终不受大的干扰，沿着既定初心坚定向前，才能对抗创业路上的各种“妖魔鬼怪”和“十二级台风”。

乔布斯一生中最重要的箴言就是“记住你即将死去”，在死亡面前，他才消除了一切喧嚣浮华，看清了对自己真正重要的东西。向死而生，并不是一种悲壮的情绪，而是一种明心、静心的方法。

此外，读书也是一种明心、静心之法。比尔·盖茨每年读 50 多本书；孙正义在患肝病住院的两年间看了 3000 本书，虽然都是漫画书，但给他带来无限启迪；海尔领航人张瑞敏平均一周看两本书；宋志平每月读一筐书；俞敏洪则每年读 100 本书，“甚至在上厕所时，我一般都会带着一本书”。

在明心、静心中，最重要的是让自己拥有逆境中的反弹力。巴顿将军说，**衡量一个人成功与否的标志，不是看他所到达的顶峰的高度，而是看他跌落低谷时的反弹力**。这一条，也许你要用一生的光阴去历练。

褚时健71岁入狱，74岁保外就医后，承包了2400亩[1]荒山开始种橙子。种橙子的想法，最早源自褚时健在狱中吃了弟弟送来的冰糖橙，他吃后觉得味道很好，又觉得自己还能出来，就确立了新的目标——种这种橙子，也就是“褚橙”。种橙子十余年，褚时健从门外汉到高手，不急不躁，摸透橙子的习性，不惧质疑、静心做事，在明心、静心中，透露出的是从容又可怕的人生反弹力。

看懂人（“己—人”）

创业者永远在“己—人”的关系旋涡中打转，因为创业者必须与他人建立一种独特而稳定的联结方式。能否搞定“己—人”这层心力，直接决定了你与团队成员，甚至是与所有利益相关者乃至整个创业生态联结质量的优劣。

“己—人”之间有以下三个层次。

第一层：人不知我，我不知人。

总渴望别人理解自己，自己却不理解别人，内心和别人无法建立联系，这类创业者属于“孤僻自我型”，骄娇二气让自己隔绝于世。

[1] 1亩≈666.67平方米。

第二层：人可不知我，然我已知人。

别人虽不懂我，但我能忍受创业路上的孤独，更看得懂别人的内心。这类创业者属于“孤独智慧型”，他们永远“嚼着玻璃凝视深渊”。

第三层：不论人知我否，我皆可影响人。

这是创业者内在心力的“外化”，将自身心力传递到周围人心中，通过增强别人的心力，吸引和聚集周围一批人。这类创业者自带向心力，颇具人格魅力。最伟大的创业者身边一定有一群人格独立却忠实追随左右的能人贤士，因为他洞悉人性，能给别人带来希望和信心，把别人牢牢地“黏”在身边。显然，这是最高层次的“己—人”心力。

成就事（“己—事”）

现在社会上有一批“学虫”，他们热爱学习，满腹道理，然而“懂得再多道理，仍过不好这一生”。原因在于，道理和做事之间经常失衡：所懂非所用，所需非所有。没有真正去“用”，道理只是一勺鸡汤。

同样地，对于创业者来说，学历高、知识多、会吹牛不是你的错，但如果只说不做，只画大饼而不落地就是你的错了。人因事显，通过做事才能看清一个人的真面目和真能力。王阳明说，“人须在事上磨”，历事才能练心，人才能真正成长，内心才会拥有强大的力量。

搞定“己—事”这层心力，就是**在事中提升认知，改进做事的方法，磨炼做事的心性**。这里说的“事”，不只是创业，生活处处是道场，我们经历的每件事都是修行的契机。

2013年，52岁的创新工场董事长李开复对外宣布，自己得了第四期淋巴癌，不得不放下热爱的工作接受治疗。2015年6月30日，李开复发微博称，“最近两次检查都看不到肿瘤了”，自己已经完全康复，肿瘤消失了。自此，他对人生有了新的体悟，变得豁达起来：

“过去，我的人生哲学是，因为我觉得人生只有一次，所以要分秒必争，讲求效率做最好的自己。现在，我更觉得，其实生命里的很多东西，并没有办法用科学的方法去解释，并没有办法每天去衡量。从现在开始，我不再盯着世界上很多人的缺陷，批评他们，我相信每一个平等的生命都是来到这里不断学习、不断成长的。人只有存在缺陷才能学习成长，我们没有权利过分地批评别人，我们需要做的是让自己成为一个更好、更完善的人。”

立于世（“己—世”）

你对世界怎样，世界就对你怎样。你笑，它便是晴天；

你撒谎，它就惩罚你；你封闭，它就把你关起来。立于世（“己—世”），就是要搞定自己对待世界的态度，即价值观。

创业者对待世界的正道法则只有两条：一是利他，二是格局。

“利他终利己”，是你对待世界的价值观。这个世界中有你的员工、你的客户，还有你所生活的社会。对他们的“利”，最终就是对你自己的“利”。

对一起奋斗的员工心存利他之心，是“利他终利己”的第一条。

现在不少管理培训项目在教创业者如何“调教”员工，这是忽悠、洗脑甚至欺骗，是管理上的一种“假”和“恶”。一旦员工醒悟过来，你很难有措施再去补救。有位创业大咖曾公开说，**一定要对员工说真话，有些事你可以不说出来，但要保证自己说的必须是真话。**

2019年岁末，刘强东在集团的一次早会上承诺，“京东的员工只要是在任职期间无论因为什么原因遭遇不幸，公司都将负责其所有孩子一直到22岁（也就是大学毕业的年龄）的学习和生活费用”。之所以出台这样一个政策，是刘强东和友人聊到了10年前去世的一位员工时有感而发。显然，从出发点来看，这是一种对员工的利他。

而对员工利他的极致，是允许他“叛逃”到别的公司。苏州德胜洋楼就是这样一家特别的企业。

苏州德胜洋楼公司成立于1997年，员工不到1000人，是国内第一个拥有木结构施工资质的企业，占国内木结构别墅80%以上的市场份额。这家公司把员工当“君子”看，最为外界所津津乐道的是：财务报销不需要领导签字，上班不需要打卡，可以自行调休，甚至还可以请长假去其他公司闯荡，最长可达3年，保留职位和工龄。有人曾这样评价：“当全国人都追求聪明的时候，德胜提倡全体职工追求做傻子的精神，它是一家用价值观打造出来的企业。”

对客户抱有利他之心，是“利他终利己”的第二条。

“利他思维，是一切营销的核心。”有人曾总结过小米营销的特点，其中有12个字：“利他利己，以终为始，相互赋能”，这是用惨痛的教训换来的。

2015年下半年，为了推动商业化变现，小米开始增加广告位，于是外部出现了一些批评小米的声音，认为小米背离了自己的初心。2016年上半年外部的批评最密集时，公司天天要监控舆情，内部也扛不住压力，于是便有了各种反思：小米还是不是为发烧友而生，还是否坚持用户体验至上？

对此，雷军用了“矫枉过正”这个词，让内部相关部门

“收一收”。于是部门负责人问雷军，我们可以放弃多少额度的广告。雷军说，4 个亿，没问题，这笔钱不用赚了。同期，小米手机出货量恰好遭遇下滑。但当用户体验与商业化发生明显冲突时，雷军依然会坚持不赚快钱。在小米，“以用户为中心”的利他主义不是墙上的风景画，而是深入骨髓的价值观。

对社会尽力所能及的责任，是利他终利己的第三条。

知名天使投资人徐小平说过：“当你创业的时候，如果把社会的利益、公众的利益放在最高位置的话，那么这个时候，你获得的不仅是成功，还有尊敬。不仅是尊敬，还有更加伟大的贡献。”

创业者如何利用新技术、新产品为社会创造价值，而不损害社会利益，是一个重大挑战。就像今日头条创始人张一鸣所说：“过去一个公司可能是一个节点，负责生产一个商品，或者负责一个零售渠道。但是如果成为平台之后，对经济社会的影响面更大，在更多场景中可以发挥连接的作用、平台的作用。这时它就不仅仅是一个商业公司，需要更多地发挥基础设施的作用，承担基础设施该承担的更多的责任。”

创业是一盘棋局，有什么样的格局，才会成就什么样的结局。来看一个小故事。

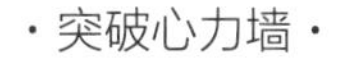

三个工人在砌一堵墙。有人问："你们在干什么？"第一个人没好气地说："没看见吗？砌墙。"第二个人抬头笑了笑，说："我们在盖一幢高楼。"第三个人笑得很灿烂："我们正在建设一座新城市。"10 年后，第一个人仍在工地上砌墙；第二个人坐在办公室里画图纸，成了工程师；第三个人成为前两个人的老板。这堵墙，其实就是一面心力墙。

创业者最核心也最重要的一项心力修炼，就是提升"大格局"。

人心中最难解决的那些问题，通常不是源自知识的匮乏，而是源自认知格局的狭小，以及思维方式的禁锢。所谓大格局，即以大视角切入人生，力求站得更高、看得更远、做得更大。然而，**我们往往跳不出小我**。

孔子云“君子不器”，意即君子不应该像某件器物，作用仅局限于一个方面，而应该敞开胸怀、放开眼界，站在高处俯瞰生活。也正如法国前总统戴高乐所说：“眼睛所到之处，是成功到达的地方。唯有伟大的人才能成就伟大的事，他们之所以伟大，是因为他们决心要做出伟大的事。”

任正非用大格局实现了从狼性文化到包容天下的转变。

曾经，华为最显著的标签就是“狼性文化”，依靠狼性文化，华为陆续打败各路竞争者，让对手感到不安。如今，美国对华为无理压制，不少国际巨头企业迫于压力停止了与华为的商业往来。面对前所未有的巨大挑战，华为认识到，真正的国际化是要破除狭隘的民族自尊心，学会以更加开放包容的态度与世界相处。

2019 年，任正非先生接受《纽约时报》专栏作家托马斯·弗里德曼采访时，谈到了华为愿意向美国出售 5G 技术，帮助美国建立自己的 5G 产业。该言论一出，立即引发热议。5G 是华为的秘密武器，华为也因为 5G 遭到了美国政府无端打压，为什么还愿意向美国出售 5G 技术？

在任正非看来，5G 是一项造福全人类的通信技术，只有中美欧具备同等的 5G 技术水平后，才能更好地推动 5G 技术的发展，“……不是我们去美国做生意，是通过转让技术支持美国公司在美国做生意。这样我们提供了一个 5G 的基础平台以后，美国企业可以在这个技术上往 6G 奋斗。第二，美国可以修改 5G 平台，从而达到自己的安全保障。跳过 5G，直接上 6G 是不会成功的……”从狼性文化到包容天下，体现的是任正非心力的提升，以及不一样的胸怀格局。

然而，大格局并非一味宽容和退让，有锋芒的格局才是最好的格局。就像人们常说的善良并非无条件对人掏心掏肺，**善良更需要管理**，何时善良、对谁善良，至关重要。不分对象和场合的善良，很有可能会给自己带来始料未及的灾难，善良也一定会随之变味儿。同样地，什么时候显示格局，以及对谁显示格局，是有锋芒格局的两个基础。对该显示格局的人，显示出自己的格局；对该放弃格局的人，就果断放弃并反击——此为不卑不亢的大格局。

然而，格局一定要大、要高吗？不见得。有些人就是大不了也高不上去，绝大多数人也不可能具备像乔布斯那样自带光芒的格局，怎么办？在不断成长中逐渐打磨格局，让它随见识而增长，随反思而扩大。对创业者来说，**做专，求精，顺应规律、顺势而为就是有格局的表现**。如果非要说大格局，那么创业者的大格局至少包括三个层面：

第一个层面是**用“望远镜”看世界，建立全球格局**。全球化不再只是趋势，早已成为现实，即便卖一颗花生、一根针，你面临的也是全球市场和全球竞争。5G 会让全球化变得更触手可及。大胆与世界对话，就是具有全球视野和全球格局的表现。

第二个层面是**用眼睛去观察中国，建立国家格局**。和自己所处的时代对话，每项政策、每个趋势，都值得去记录和思考。每天看《新闻联播》，绝不应只是老年人的生活习惯，更应该成为创业者捕捉国家发展信号和未来大势的途径。

第三个层面是**用心去感知未来，建立未来格局**。如果只站在现在看未来，你什么也规划不了。只有站在未来看现在，你才能让自己的内心面向未来，看到别人看不到的事，做社会需要的事，你的创业梦想才能在未来占有一席之地。

创业即创自己，心力更是创业者一生的修炼。须放下一切，认清自己，看懂他人，用事磨己，放眼世界。

心力无边，但各有其界

梁启超是维新派领袖，是震惊中外的戊戌变法的主要领导人之一，他拥有极其强大的心力。

梁启超在1900年写下了《少年中国说》，其中写道："故今日之责任，不在他人，而全在我少年。少年智则国智，少年富则国富；少年强则国强，少年独立则国独立；少年自由则国自由，少年进步则国进步；少年胜于欧洲，则国胜于欧洲；少年雄于地球，则国雄于地球……美哉我少年中国，与天不老！壮哉我中国少年，与国无疆！"

相信本身就有力量，一种超乎寻常的力量。有一句流行的话就叫"相信相信的力量"。雷军说，"永远相信美好的事情即将发生"，于是小米成为现实。

然而，普通人很难拥有浩大的心力，也不具备雷军这样超强的商业预见力和战略把控力——**个人心力有大有小，这是客观事实，不必强求**。若非要生硬拔高，不仅会让自己苦不堪言，还可能毁掉之前的胜利果实。

我认识一名创业者，他本来在东部沿海某三线城市开着一家房产管理咨询公司，小日子过得优哉游哉，但他心里一直痒痒的，觉得自己能做更大的事，便四处寻找机会。

偶然一次参加聚会，朋友拉他投资一个做新型民用雷达的科技项目，实地考察项目两次后他便投了钱，以合伙人的身份一头扎了进去。

然而，他一不懂专业技术，二不懂行业规则，三不懂产品运营，上手一段时间后，他才发现市场远未培育出来，之前想得太乐观。同时，公司内部的成本和品控能力也不到位。最后，这个项目成了“烂尾”项目。然而，他并不服气，又通过他人介绍参与了内蒙古的一个稀有矿产项目，恰逢国家加强矿产资源监管，整个项目终没能得到很好的推进。

在这个过程中，他看到了自身能力的不足，便每年花几十万元频频参加国内外的各种培训班、游学项目和研习社，寻访各种高人、大咖进行请教，累得半死。最后问他效果，他摇摇头说“无甚收获”。那两个项目把他的 3000 万元左右的家底儿砸了进去，却基本上都打了水漂。

如今，他已将心收回，重新干起了老本行。

分析一下，你觉得这位创业者只是选错了项目、运气不好吗？显然不是，是他的心力不足以支撑那两个项目所致。**“相信相信的力量”也是有边界的。**

亚里士多德说，人生最终的价值在于觉醒和思考的能力。每个人都有自己的心力边界，你觉得自己能做的和实际能做的有差距，有的事自己就是干不了，你去学了也学不会。我们经常听到伟人和大咖的励志故事，甚至将自己幻化为主角，却忽略了个体差异，忽略了自己与他们在心力上的巨大差距。

你不得不承认，每个人的格局和视野差别很大，有人能看到20年后的事情，有人连两周后的事情都无法把握。

越过心力边界做事，只会适得其反。**正确认识自己的心力边界，是一切的出发点。**说得容易，但要做到，一点都不容易。

人经常会陷入两个极端：**要么超越自己的心力，过度膨胀，导致“飘”；要么放弃自己的心力，过度自卑，就会“衰”**。这在创业者身上表现得尤为明显。无论哪种，都不是正确地认识自己的心力边界的方式，都需要自我复盘。

说到“飘”，创业者或多或少都会自视过高，不自觉地接纳自己喜欢的信息，忽略有价值的客观信息。特别是在形势看好、顺风顺水时，更容易过度自负，谁也看不上。一位创业者回顾自己的创业经历时说：“开始创业时心里的杯子是满的，已经听不进任何意见了。直至后来数年屡屡碰壁之后，才发现自己做人做事都不得要领，以前所谓的优越感不复存在。”

显然，“满杯心态”无限放大了个人的心力，你越界了。

说到“衰”，创业者碰到挫折时往往过度自卑，陷入自我否定的状态，这也是对心力的极大考验。一位创业者这样说：“回顾创业失败初期，我对自己全盘否定，就像有一匹马踏着自己的胸口，始终把自己死死按在地上，且不断用各种批判暴揍自己，让自己没有任何喘息机会，根本站不起来；然后，再因为这样的‘站不起来’而对自己持更加批判和否定的态度，从而陷入恶性循环。”

显然，“龟缩心态”无谓地缩小了个人的心力。

据传，2019年3月，有人在四川南充城郊青龙山的一处废弃屋内，发现一名精神状态不佳的流浪汉，以为是吸毒人员，赶紧报警。后来得知这名小伙子2011年大学毕业后开始和朋友创业，但遭遇失败，当年年底离家出走，就此失联。

这是一则令人心酸的故事，我们无意再去责怪这位年轻创业者。但是，**逐渐寻找并触摸到自己的心力边界，是早晚要做的一件事**。同样地，**我们也不能拒绝天赋，放弃做一些能做到的事**。

新东方创始人俞敏洪曾非常自卑，心力衰到极点，但他做了两件事让自己走出来。

第一件事，是自我思想解放，也就是“我不跟你们比了”。自卑的根源就是和别人比；当你意识到“我就是我，我跟别人不一样”时，就不会跟别人比了，自卑感就会慢慢减少。

第二件事，是建立自信支撑点，也就是在某个方面慢慢地做到跟别人一样好，甚至更好。俞敏洪在北大最后两年拼命背单词，毕业时，词汇量已是全班第一；同时他还读了大量的书，知识积累方面也不比其他同学差到哪儿去。大学毕业后，他又挖掘出自身杰出的教书才能；创立了新东方之后，还发现自己有创业领导和企业管理能力。

一点点触摸到自己本来的心力边界，让俞敏洪从自卑走到自信，直至创立新东方。“从绝望中寻找希望，人生终将辉煌”的新东方精神，恰恰描绘了俞敏洪寻找心力边界的曲折进程。

那么，怎样才能触摸自己的心力边界？

我们没有天才的直觉，可能也缺乏专业的精算，更没有特殊的关系。既然大多数人都是凡人，还是把握一条自己能操作上手的原则更踏实；像俞敏洪一样“**同自己竞赛，培养自己的长板**”，也许你就能逐渐触摸到自己真实的心力边界，而不用非得和自己较劲，为了增强心力而“折磨”自己。

有个创业者曾满怀雄心，梦想着做一个像扎克伯格、比尔·盖茨一样改变世界的人。然而，创业四次，不停转型，不停失败，现实的一次次打击，让他欠下一屁股债。如今的他，已然选择忘却当年激情满满却不甚现实的想法，还钱成为最实际的创业目标。“那些创业成功者，真不是一般人，他们就是‘天选之子’。创业者千万别觉得自己能成就多大一番事业，不现实。”这是他复盘时最真实也最痛彻心扉的感悟。

创业者心力有高有低，用“心力”这一特质就能把创业者分出三六九等。修炼当然能提升自己的心力，但这个过程极为痛苦，非一般人所能承受。除了一些天才（即便是天才也要修炼），能坚持到最后的寥寥无几，能坚持到最后的这些人就是创业的“天选之子”。

也许有人会说，既然每个人的心力都有边界，那是不是就要放弃自己的理想？

当然不是！每个人的心力都有边界不假，但这并非要让你放弃理想，你完全可以把自己的目标、理想定得远一点，不过，要记住时刻探寻和触摸自己的心力边界。

虽然“鸡汤”里说每个人的潜能无限，但现实情况是，不一定每个人都能把它激发出来，更不一定能把它激发到最大程度。**当有一天你实在无计可施时，不要责怪自己无能，你只是探到了自己的心力边界。**

正确认识自己，守住心力边界，再去相信相信的力量，把自己该做的、能做的事做好。这才是一个心力强大的人该有的样子。

写到这里，我想说的是，创业带给人的最大的价值，恐怕不在于创业成功，而在于使人真正有机会认清自己，放过自己，并善待自己。再来重温一下《无问西东》里的那句可以流传永世的台词吧：

爱你所爱，行你所行，听从你心，无问西东。

善念，守护你的心力底色

20 年前，我在清华大学修过一门公司治理的课，唯一记住的是姜老师在黑板上写下两个字“人性”，随后他说：“人性的一半是天使，一半是魔鬼。”

我不清楚姜老师为什么当时要讲人性，但那天确实是我第一次思考有关人性善恶的问题——虽然开窍晚了点，但终究开始了。

2016 年 8 月，创业垂直媒体“铅笔道”曝出一则关于校园洗衣创业公司“宅代洗”的消息，这本是一则普通报道，但创业团队的一个做法却引起了轩然大波。

事情的经过是这样的：2016 年 4 月 18 日，“宅代洗”上线，选择呼和浩特的6所高校进行体验式营销，首单免费；但4天过去了，团队只接到一份订单。“同学们都不相信，万一衣服丢了、洗得不干净、洗坏了，怎么办？”

于是，团队里有人出了个馊主意。在某个周四，团队成员选择了一所男生偏多的高校，剪断宿舍内所有自助洗衣机的电源线。“4天在宿舍楼没法洗衣，逼着他们用宅代洗”。这次强制试用让该平台的订单量迅速上升，最多的一天收到1100份订单，首月盈利60万元，服务范围也扩大到周边5所高校。

不用多说，此举是恶是善，每个看到这则消息的人心中都有一杆秤。这件事让我想起小时候，不少自行车修理铺的人向路上扔肉眼难以分辨的小铁钉，车子反复被扎，骑车的人只能不断去修理铺补胎。**俯下身去，仔细分辨，你会发现，那丢在路上的，不是铁钉，而是人性的恶。**

创业者群体一直备受社会关注，成功了被追捧上天，落难了则被攻击吊打，不论创业大咖还是草根创业者都难幸免。“贾老板下月回国”“罗永浩情怀锤子”等已成经典段子，而像宅代洗这样的草根创业项目也触动着人们的神经，这一次的推广遭到大量口诛笔伐。

今天再翻这笔旧账，绝非想给创业者背后再来一脚，因为宅代洗已然消失，我只想说：“ Don’t be evil”——创业不一定非要唱高调地“利他”，而是先“不作恶”。

不作恶，是创业者的基本素质，更是善念的基本底线。

事实上，创业圈每天都在上演这类“三观”不正、丧失底线，甚至比“掐电线”更恶劣的事件，有人为了流量恶意炒作、恶意侵权，甚至给竞争对手使黑招……只是一般情况下，人们会选择性地忽略。问题来了：为什么创业者这么容易触犯各种底线？莫非创业者的底线比普通人低？

显然不是底线高低的问题，而是他们从创业的第一秒开始就面临善恶抉择的难题，频率之高，难度之大，如果心力没有修炼到一定的程度，很难守住底线。

比如，一个不合情理却合法的赚钱机会摆在面前，你赚还是不赚？是拼命包装产品，忽悠一个算一个，还是潜心研发把产品做好？要见投资人了，是通过数据造假把项目弄得光鲜亮丽，还是拿真实数据去“裸见”？该如何平衡股东、员工、客户之间的利益……

一定有人会说，我首先要生存下去，根本顾不了是善是恶。没错，相当多的人都是这样想的。但在抉择之前，你心里一定算过一笔账：假如赚了“恶”钱，做了“恶”事，会有什么后果？一旦侥幸心理占上风，或认定一件“恶”事不会有太大负面影响，就会不顾企业长远利益，明知违法犯规，也要铤而走险。

一念之间，两重天地。**当你心中的天使战胜魔鬼，你便发光；当你心中的魔鬼肆虐天使，你便黑暗。**

任何人在善恶之间的抉择，无非是长利或短利、大利或小利、正利或邪利之间的博弈，这背后是一个人人可用的善恶公式。

善 | 恶=（长利 | 短利），（大利 | 小利），（正利 | 邪利）

公式中的“利”，不只是金钱之利，而是泛指一切可以自我衡量的利益。长久之利、众人之利、正道获利，方为善；而短期之利、一己之利、邪道获利，乃为恶。

2019年，中国新能源汽车的政府补贴大幅退坡，结果不少靠“骗补”活得特别滋润的新能源汽车企业顿时陷入困境——只有当潮水退去时，你才能看清谁一直在裸泳。

一旦你用错了善恶公式，轻则损兵折将，重则满盘皆输。在被查实骗补后，不少新能源汽车企业已被取消整车生产资质。事实上，骗补的恶念带来的是“双输”：受损的不只是新能源汽车企业，更虚耗了纳税人的钱，辜负了国家的信任和社会的期望——任何邪利都是以牺牲他人的权益为代价的。

很多作恶的企业都曾看上去风光无比，却因恶念自己切断了退路，贪图小利短利，终酿大祸长恨。这样的故事隔段时间就会上演一次，善恶博弈的战争也一直在持续。

你把控善恶公式的能力，就是善恶背后的心力，一瞬间的抉择体现的是你心力的修炼程度。善恶的抉择既简单轻松，又复杂沉重。说它简单轻松，就是一念之间；说它复杂沉重，则是一念之间可能决定你的一生荣辱，甚至性命。

第二次世界大战（以下简称“二战”）期间的某一天，欧洲盟军最高统帅艾森豪威尔从法国某地乘车返回总部。那天大雪纷飞，在前不着村后不着店的途中，艾森豪威尔忽然看到一对法国老夫妇坐在路边，冻得瑟瑟发抖。

艾森豪威尔立即命令停车，让翻译官下车询问。一位参谋急忙提醒：“我们必须按时赶到总部开会，这种事还是交给当地警方处理吧。”艾森豪威尔却坚持要问，他说：“如果等到警方赶来，这对老夫妇可能就冻死了！”经过询问得知，这对老夫妇是去巴黎投奔儿子，可是汽车却在中途抛了锚，不知如何是好。

艾森豪威尔听后，立即请他们上车，特地绕路将老夫妇送到巴黎他们儿子的家里，然后才赶回总部。艾森豪威尔命令停车的瞬间，没有复杂的思考过程，只是出于人性中善良的本能。然而，事后得到的情报却让随行人员震撼不已，尤其是那位意图阻止艾森豪威尔的参谋。原来，那天德国纳粹狙击手早已埋伏在艾森豪威尔一行回总部的必经之路的路边，目标就是击毙二战欧洲盟军最高统帅。然而，敌人无论如何也想不到，艾森豪威尔会为救那对老夫妇而改变行车路线。

多年以后，历史学家评论道：“艾森豪威尔的一个善念使他躲过了暗杀，否则二战的历史将被改写。”

为什么要遵循善念？它能救命！这个理由足够充分（此处不接受争辩）。

与艾森豪威尔无意间的善良本能不同，创业者常常是有意识地在电光石火的两难抉择间选错了善恶公式。

创业者一直在底线和目标的夹缝中寻找生存空间。一旦这个空间被挤压得让人喘不过气，那些心态失衡者、心力不强者，就会顺势滑向底线，甚至只考虑对自己有利的结果而抛弃规则，最终突破底线，进入一种“不要脸”的状态。

细数各种“不要脸”，你会发现背后其实有“三重底线”，它们一点点被突破，简单又粗暴，直接而隐秘。

第一重底线，是道德底线。

创业在很多人眼里是一场游戏，创业项目数据造假就是游戏心态下催生的一颗毒瘤，并形成了一条令人瞠目结舌的造假链：有的创业者为了顺利融资而对销售额、点击率、用户数、佣金率等经营数据造假，拿到钱后对外宣称的融资额也造假；有的创业公司数据造假后给投资经理许以回扣；还有 A 轮投资人帮助创业者造假忽悠 B 轮投资人；更有创业公司造假被揭穿后恶意攻击友商，甚至两家企业提前串通好进行恶意炒作。创业项目数据造假手段之多，令“吃瓜群众”的智商备受考验，也让“接盘侠”心惊胆战。赛富投资基金首席合伙人阎焱曾公开表示，“创业者大范围融资造假已成常态，造假程度前无古人”。

道德底线的实质，是“知耻”。

第二重底线，是法律底线。

网络直播一经兴起就被玩坏，各种乱象令人嗤之以鼻：恶搞调侃、色情低俗、虐杀动物、聚众斗殴、飙车、飙酒、奢靡炫富……乱象背后恰恰是有些平台故意放纵主播“打擦边球”，这已然不是道德问题，而是突破了社会治安甚至刑法的底线。

过往几年，不少区块链ICO（首次币发行，Initial Coin Offering）项目在未经本人许可的情况下就拿创投大佬做背书，直接在白皮书中写明某某某是核心成员，阎焱、徐小平、帅初等都曾中招。这种骗局，无非是利用部分参与ICO的人既看不懂项目本身，也看不懂白皮书，只会通过站台的投资人来对项目进行判断，就妄加炒作。结果很多区块链代币很快跌破发行价，众多投资者血本无归。至于过去几年频频爆雷的P2P创业项目，已经有一批创始人受到了法律的制裁。

法律底线的实质，是“守规”。

第三重底线，是人格底线。

人格底线最隐秘。

近些年，“毒鸡汤”型知识创业者遍地开花，顶着精英、大咖、知识产权的名义，臆造、杜撰出一些蛊惑人心的理念、认知甚至谣言，用专职炒作的手法扩大自己的知名度。他们有的是为牟利，有的干脆就是为自己制造影响力，享受这种成就感。然而，你能说他什么？他既没违反法律，也没有突破道德底线。可他们内心很清楚这些东西到底有多大价值。这种慢性毒药带来的是表面上的众人狂欢，扼杀的却是国民的思维力和创造性。这不只是金钱的问题，更是社会责任和良知的问题，突破的是人格底线。社会要尊重创业者的人格，创业者反过来同样要尊重社会的“人格”。

人格底线的实质，是“珍惜节操”。

知耻、守规、珍惜节操，便是不作恶的三大底线。看似简单，实则艰难，需要你在心力上隐忍修炼、不断提升。

稻盛和夫一直说自己是个“谨小慎微的人”。他创业50年，历经无数风雨，心中却没有丝毫疑惑或不安，因为他信奉一句话：“以善念善心为本，人生必然成功。”这句话他也一直告诫他人。善念善心让稻盛和夫“完全是轻车熟路般从容地走到了今天。尽管中间也曾有过劳累和辛酸，然而这半个世纪对于我而言过得如此自然而然”。

为什么稻盛和夫能这么自然而然？因为善念能帮创业者续命、养命，这不是迷信的说法，而是它真能帮你积累

“运气”。

一位创业者曾感叹，过去不相信创业有运气这一说，创业十几年后发现还真存在运气。当然，不是一开始就有好运气，那个时候即使碰上好运气，也易得易失。

运气从哪里来？从你长时间用善念对待周围的一切来。虽然可能眼前吃亏，但坚持下去变成习惯，就会不知不觉改变你周围的气场，让你与周围的事物日渐融洽。久而久之，所有的人、所有的事都愿意围着你，很多无形的力量就会帮助你，这就叫“运气”。

雷军在一次论坛上说：“我真的认为在成功的创业中，绝对有不低于85%的运气在里面。所以对成功者来说，还是要继续努力；对失败者来说，其实也不用怨天尤人，因为有些东西真的是注定的。”

在“注定的”背后，有一样永远不变，那就是你的善念决定你的运气。

许多创业项目以失败告终，表面上看是资金、团队、市场等方面的问题，实际上却是创业者内心世界和价值观的问题。无论公司大小，皆需心执善念，尊重投资人的资金，尊重用户的信任，尊重媒体的监督，尊重合作伙伴的信任，切勿用恶念绑架利益、无视道德、挥霍信任。

话说回来，创业是一种扬善抑恶的修行，这种修行绝非创业者一人就可完成，它需要整个创业生态的参与者都心怀善念、抑恶扬善，单单甩锅创业者太不公平。中国创业生态一直缺的不是某个要素，而是善念。

不幸的是，创业圈中的恶念并不少见，一部分投资人的恶念、少数媒体的恶念、某些服务机构的恶念，甚至创业大赛组织者的恶念，都成了创业者前行路上挥之不去的梦魇。心胸的狭隘、无知的高傲、利益的驱使，让恶念的幽灵一直游荡在创业生态中。这些恶念摧毁的不只是一个又一个创业者，更是中国健康的创新创业生态。

当然，必须承认，善念给你带来的运气往往滞后，甚至会滞后很长时间。但不要紧，就像“正义可能会迟到，但不会缺席”这句话所说的，时间终会给出答案。善念必定在创业的某个时点，乃至你人生的关键时刻，给你带来运气以及善报。你需要做的，只是去坚守善念，修炼自己的心力。

不作恶，心向善，乃心力之本色。创业固然充满血雨腥风，唯心怀善念，方能最终放射人性光芒。如果你在最落魄绝望之时，还能心存一丝善念，这就是你最可贵的心力，也是你反败最值得期待的运气之源和那根救命稻草。

放过自己，生命价值高于创业价值

一位“90后”创业者在历经三年的起伏和挣扎后对我说，“创业哪有什么光环，就是整天被人把脸按在地板上摩擦、摩擦，换着法儿地摩擦”。谈笑间，泪光点点。

创业者的刚强与脆弱永远相伴而行，当这种刚强或脆弱偏离了轨道，达到失控的临界点，就会走向不归路。

对于因创业失败而故去的人，我们无法揣摩他们那种赴死的决心，更无从知晓离去的真正原因。我们只能告诉自己，敢于活着是一种大无畏的勇气。尤其在认清生活的真相、正视人性的丑陋、陷入创业的绝境后，依然敢于“活着”，就是值得炫耀一辈子的英雄主义。不为别的，只因你坚守了创业最基本的三样东西：**长期主义、乐观主义、生命至上**。

创业永远在路上，从来没有死亡或停止一说，这就是长期主义。中途短暂歇脚后抖擞精神再战，就是我们要做的全部，也是创业的真正魅力所在。换一种心态，用在路上的心态看待自己的创业，才能欣赏到创业沿途的风景，领略不同的人生境界。当然，长期主义看似简单，却很少有人能真正做到。

长期主义有深深的美感。在创业过程中，创业者的脸被按在地板上摩擦，带给人的是强烈的挤压感和不得不低头的屈辱感。当你的脸被磨得只剩一毫米时，如果还能挺住，那么恭喜你，脸上很快会长出一层老茧——有这层茧子托底，尽可以让世间的险恶来磨。看似丑陋的茧子，却是从过往失败中积累的大美心力。

有人会说我在唱高调，长期超负荷的压力有几个人能扛得过去，还谈什么美？

创业者无疑承担着身体、精神的双重压力，负重而行。皇明集团董事长黄鸣就说，一旦选择成为一名企业家，便意味着他的一生从此将与压力、竞争、劳累、焦虑结伴而行，再也不得轻松。

然而，压力永远不是让创业者选择自杀的真正原因。创业者是“偏爱”甚至享受压力和紧迫感的特殊人群。一旦没有了压力和紧迫感，只能说明两点：要么你不是在创业，要么你的创业出了重大偏差。

真正让创业者走向绝路的，是内心对自己的怀疑和否定。创业者是骨子里极其要强的人，当意识到自己再也无力证明自己，或成就感彻底丧失时，这种自我怀疑和否定就会达到失控的临界点，进而击穿心力的底线，结束自己的生命。

下一个问题是：怎么挺过去？创业者想让自己保有长期主义，始终抱有对自己的认可，就必须让自己拥有另一样东西：乐观主义。

什么是乐观主义？就是创业失败、一分钱没赚到还觉得能翻盘，这就是长期乐观主义。从这个角度看，凡是悲观的人，凡是风险规避型的人，凡是保守型的人都别去创业。

当然，劝人乐观是一件出力不讨好的事，对于创业者来说更是这样。我不想再重复“命不是你一个人的，而是家人的，是企业的，更是社会的，必须乐观”这类的劝告，一个正常的成年人，谁会不懂这些道理？经济学研究中对人结束生命的行为有这样一种解释：当活着的成本大于死亡的成本，或者说死亡的收益大于活着的收益时，人宁愿选择去死，而忽略其他一切。这里的成本或收益不是指金钱，而是指人的体验。每个决绝赴死的人，哪怕一瞬间的闪念，也必定算过上面这笔账。

当然，总有人在最困难的时候挺过来，他们不靠天，不靠地，靠的就是乐观主义。**一个创业者身上最优秀的素质，就是永远乐观**。在巨大的创业冒险之旅中，你只有这一条路可走：让自己成为一个坚强、坚定的乐观主义者，给自己打气，一路向前。

如果你有时间去研究一些知名企业家，你会发现他们中几乎没人能够逃离巨大的精神压力和抑郁症，有的甚至曾想自杀。任正非曾想跳楼，陈天桥曾连续两个月在死亡边缘犹豫，柳传志被美尼尔综合征困扰多年，王石曾诊断出有血管瘤，李开复被查出淋巴癌，徐小平和毛大庆都曾患过抑郁症，稻盛和夫差点因肺结核丢了性命，还有巴菲特、格鲁夫也都曾查出前列腺癌……

然而，这些大咖在历经磨难后，都表现出对人生的豁达和对事业的乐观。也许你会说，成功了，咋说咋有理。其实，他们现在并非没有痛苦和磨难，或许还面临着更大的痛苦和磨难，但他们会用在无数次失败中积累起来的强大的乐观主义抵挡住巨大的痛苦。这恐怕也是我们每个人最现实的生存之道吧！

美国曾有一份针对 242 位创业者心理健康状况的调查报告，该报告称，有 30% 的 CEO 患有抑郁症，29% 患有注意力障碍，27% 患有焦虑症。亚健康、抑郁症、注意力障碍、焦虑症在创业者群体中很常见，我觉得美国调查的数据相对保守，中国创业者的数据一定比这触目惊心得多。

乐观主义是一种素质，可以后天培养。“清零心态”就是一种培养乐观心态的有效方法。当人没有什么可失去的时候，便会无所畏惧、乐观向前。从没被失败折磨过的人，不知道乐观才是面对磨难和不完美人生的最好办法；从没被乐观滋养过的人，不知道人生会有那么大的潜能。

不论是保有长期主义精神，还是拥有乐观主义素质，前提都是四个字：生命至上。

没错，创业是放大生命价值的一条路，而且是非常有诱惑力的一种方式。**但生命的最大价值，一定不是创业**。在追逐梦想的路上，如果非要用创业去逼出生命的价值，太过自强反而成了自戕，你大概率会失败；如果选择用创业去放大生命的价值，你大概率会成功。

有创业者曾当着我的面讲过一句令人心碎的话："如果可以还债，真想拿自己的命去抵。"这话说出来是那么卑微，却又那么倔强。我一点都不觉得讲这话的创业者在矫揉造作。在有些创业者心里，当实在无路可走时，他自己能掌握的唯一东西，就是自己的命。命，有些瞬间真的那么轻。

我知道，成年人的世界都不容易，每个成年人的崩溃最终都会化作默默无闻的负重前行。但我更知道，创业者的世界是向死而生的，每个创业者的崩溃可能就是人生终点。易到用车创始人周航说，他在创业时，时刻都喘不过气来，每天都很焦虑，整夜睡不着觉，"在创业最艰难的时刻，我曾经不想活了，但不敢死"。不能死，因为还有太多责任要去承担。用时间一点点去磨，用尽全力挺过最难的时候，这就是心力的底线，就是敬畏生命。

多少创业者失败后看上去心如死灰，内心一片焦土，真不知道该用什么才可以打动他们。他们当中不少人抱有“不想活”的念头，但不想活下去一定不是必死的理由，千万不要把“不想活”和“我要死”画等号。不想活是一种本能反应，但还不至于去赴死。

歌手张咪曾是“70后”一代人的记忆。2019年11月底，久未露面的她在社交平台上自曝已经确诊癌症晚期，吃饭和说话都很困难，随后她写下一段话：从绝望到接受的过程有些漫长，因为触及生死的命题，我突然对“向死而生”的概念有了更深刻的感悟，生命的存在本身是走向“死亡”，但这并不妨碍我们积极追求生活的多彩。

人经历多了才越发明白，死只是一瞬间的事，而活着却是一生的较量。既然活着是一生的较量，那就用长期主义化解一切，用乐观主义让自己和他人快乐，坚守生命价值大于创业价值的信念。

在创业和生活之间，创业者经常犯的一个错误，是用同一种态度去对待创业和生活。错误的直接结果就是，看上去是“你创了业”，实际是“业创了你”。**让自己成为一个好的生命管理者**，是解决这个问题的一把钥匙。

生命管理，就是直面自己的生命，在正确认知自我的基础上，建立生命价值与当前生活和创业之间的联系，通过对生命的保护与对生命活动的管理，推动生命的自我成长与超越，实现自我生命的最大价值。

相比一般人，创业者的生命管理更难，它不但关系到创业成败，更关系到个人生死。也许会有人说，生命管理看起来是空中楼阁，不可实现。这不重要。重要的是你从一开始就要有这样一种意识，脑子里始终有这样一根弦儿。生命管理不能确保我们的创业 100% 取得成功，但可以确保我们在创业失败时，能拥有强大的内心，哪怕创业暂时陷入困境，也能寻得一丝温暖。

不论生命管理达到什么水平，所有人的生命到最后都靠一样东西滋养和维系，那就是对生命出于本能的热爱。当过去不可追、现在不可改、未来无可期时，爱可以让你活下去。超越生命价值去追求创业价值，不该是我们的最优选择；而拥有爱的能力，才是创业者放过自己最大的心力。

05

第五章

用三力出牌

反败似牌局，输赢全看你怎么打。

底牌：反败三角自观法

任何人在失败后的焦虑都是一样的，而反败过程缺乏章法也是可以理解的：情绪不稳定、时间压力大、行动风险高。德鲁克说，创新是有组织的变革。同样，创业反败也应该是一场“不慌张”的变革。

反败的本质，是找到有效的方法增强能力、惯力、心力。增强这三力的难点则是创业者认清自己的反败三角，用最短时间设计自己的反败之路。

首先，画出反败三角，清醒认识自己的底牌。

创业者通过反败三角自我诊断图诊断自身的三力，评估哪个力强、哪个力弱，画出自己的反败三角，还原自己三力的本来面貌，就是看清自己的底牌。

三力中的每个力都从低到高分成5级（0、5、10、15、20），20代表最高级，0代表最低级，10代表中间级，5代表中下级，15 代表中上级。图 5-1 所示的是几种相对极端的情况。某些创业者评估自己能力强，就是图 5-1a ；有些创业者惯力较强，也就是图 5-1b ；有些创业者看上去不显山不露水，其实心力超强，就是图 5-1c。

每个创业者都有自己的反败三角。图中的阴影三角形面积，就是每个人原本固有的三力值，它代表了原有的性格和行事模式。这就好比牌桌上，发到玩家手里的三张底牌——你属于三力皆弱，还是三力都强，抑或有些强有些弱，都可以用反败三角表示出来，进而立体地诊断自己。一个历经风雨的成熟创业者，修炼越多三力越强，其三角形面积就会越大；反之，面积越小。

需要特别说明的是，不仅创业者有三力，创业团队也有三力。团队三力是每个团队成员的三力的集合。创业反败，永远不是一个人的反败，而是一个团队的反败。团队的底牌也可以通过反败三角进行评估，看清团队整体的长板与短板，为将来进行内部人员优化埋下伏笔。

其次，认清底牌后，确定自己反败的努力方向。

反败的过程，就是不断调整三力的等级，扩大反败三角面积的过程（见图 5-2）。

玩家在看清自己的底牌后，会琢磨下一步该怎么办：是

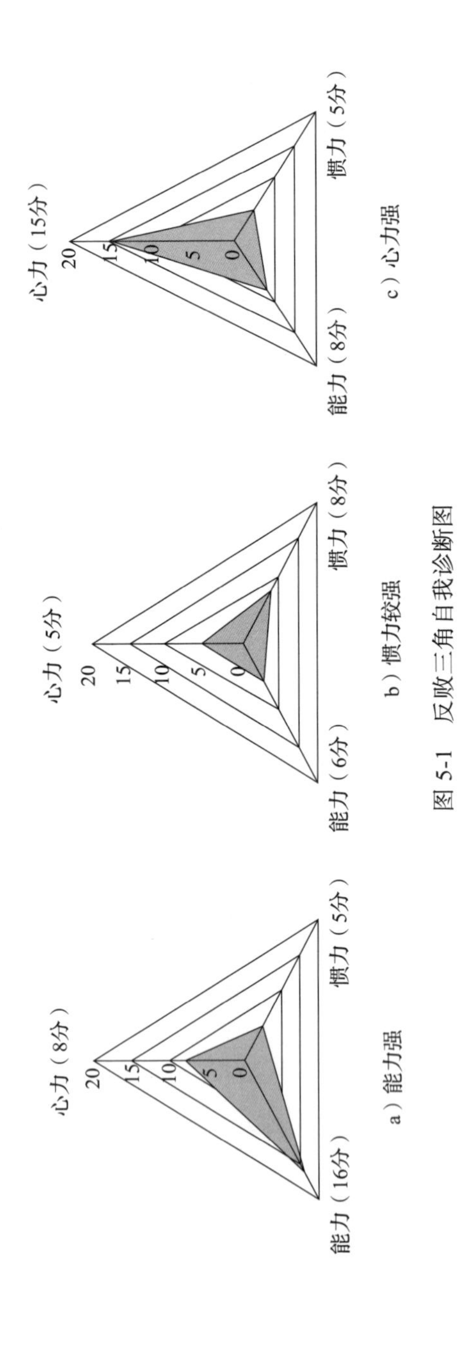

图 5-1　反败三角自我诊断图

全押，还是观望？两种态度，两种博弈策略，不分优劣。不同的思路决定了后续出牌的策略，你也许会把一手好牌打得稀烂，也许会把一手烂牌打出感觉。

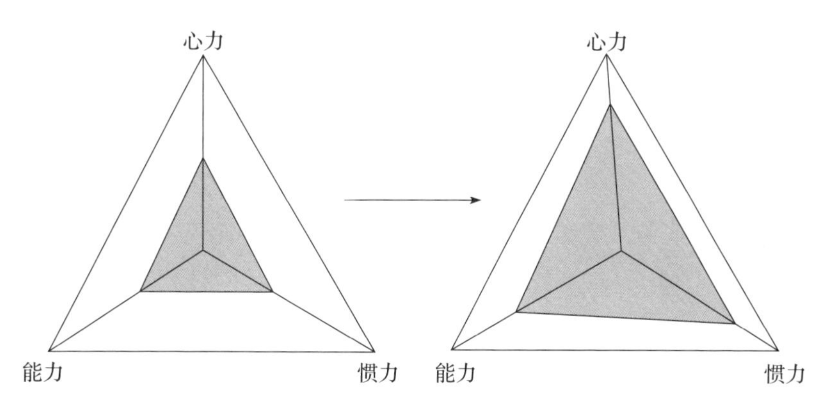

图 5-2　反败过程：反败三角面积扩张

创业者在用反败三角诊断三力强弱、看清底牌后，面临的问题跟游戏玩家一样，就是确定自己的努力方向：是提升原来较弱的力，还是强化自己原来较强的力？是全面提升三力，还是先按兵不动，经过观察再根据实际情况提升其中一个或两个力？

也许你会问，失败后的创业者有这么理性吗？其实不论创业者是否会有意识地考虑这些问题，实际的反败过程就是按照这个路径在走，这是一种自然而然的策略选择。现实中，创业者会根据自身的性格、改变的紧迫性和可能性、投入大小等因素做出综合判断。你的反败之路注定与雷军或王兴不同，甚至和自己上次的反败之路也不同，不必盲从。

一种策略就是短期以不变应万变

创业者经过对上次失败的分析和对自身状况的综合考虑，可能认为自己的能力、惯力和心力在短时间内都无法改变。的确，现实情况往往如此，短期内个人的能力无法快速提高，习惯难以发生实质性改变，心智认知的提升更需要用大量时间和精力去修炼。（当然，还有固执型的创业者根本就不愿改变自己，这样的人也不在少数。）

这不是任何人的错：不是每个创业者都要把三力全部修炼到位，就像不是每个人都要达到雷军、马斯克那样的境界一样，关键是要能够认清形势、认清自己，**有的人一辈子就靠自己的一个狠招也能走向成功**。

另一种策略是打边牌

牌局中决定输赢的，往往不是主牌，而是你的边牌。当主牌跟别人的一样大或比别人的小时，决定输赢的是其他单张牌，这个单张牌就是你的优势长板。很多大咖也不是一个能力、惯力和心力都完美的人，他们可能既不懂技术也不精通金融，但他们的心力足够强大，这才是他们在创业路上能够发挥到最极致的长板。

对一个创业团队来说，打边牌的主要方式就是**“换位”，调换团队成员的内部角色，让合适的人做合适的事**。创业团队中经常出现的一种情况是，最合适的人没有被安排到最合适的位子上，人员配置错误往往会导致整个创业失败。此时反败的重点不是去改变单个人自身，而是进行团队内部人员的优化调整：把真正合适的人调换到最合适的位子上。

还有一种策略就是“全押”，主动求变，提升三力实现反败

采用这种策略的创业者会主动提升自己的三力。而且，这三力在现实中的确是能够改变的。究竟是先提升能力、重塑惯力，还是改善心力，抑或是三力一起修炼，要根据实际情况去决策。

不论选择什么策略，都要把握一个总原则：**接受系统风险，跳出创业本身。**

反败路上皆风雨，一个人永远无法掌握所有信息，系统性风险永远存在。创业者能做的，就是看好基本面、信息面和大趋势，理性看待无法避免的系统性风险，接受盈亏同源——不接受风险，也就不能实现收益。**正因为系统性风险的存在，所以，即便你的反败决策看上去再正确，你也可能会输**。

如果只把反败局限于创业，未来失败的概率仍然很高。跳出创业，用一生的长度衡量反败，确立长期胜利的目标，则成功的概率会提高很多——即便创业反败不成功，人生牌局也是成功的。

用反败三角看清自己的底牌，再选择恰当的策略去出牌，就是努力在给自己找到一条正确的路。无论你是菜鸟还是大咖，都逃不过这一过程。创业失败后，当我们从自发式反败转变为自觉式反败，从无意识的策略选择进化为有意识的出牌方法之时，就完成了对自己的深度审视和自我救赎。

出牌：做出智慧的选择

在看清自己的底牌后就要开始出牌，具体来说，有三种出牌的智慧：

- 不变与变的智慧。
- 不定与定的智慧。
- 从无力到三力爆发的智慧。

不变与变的智慧

不变与变可以归结为一个词——睿变，意为“有见解的变革”。

2016 年 1 月，在四大满贯赛事之一的澳大利亚网球公开赛上，世界排名 TOP 100 开外的中国女子网球运动员张帅成功打入女单 8 强，在她的职业生涯中首次突破第一轮——她在之前连续 8 年参加的全部 14 次大满贯赛事上都是“一轮游”出局。

· 出牌有智慧 ·

试想，作为一名职业运动员，如果你连续 8 年都突破

不了首轮，内心会是何等绝望。张帅把这次比赛当作自己的退役之战。这场大满贯赢球犹如及时雨，让张帅的命运从此改变。

对于张帅的成功，人们习惯性地用一句话来解释甚至鼓吹："生活总会奖励那些坚持的人。"但仅仅坚持就会成功吗？

当然，张帅的成功首先要归功于坚持。如果不坚持，她连参加第二轮的机会都没有。但是，在真刀真枪拼实力的国际职业网球界，如果你以为仅靠一味坚持就能成功，那就大错特错了。张帅成功的秘诀不仅在于坚持，更在于主动求变。

职业生涯前期的"苦难"清晰无误地告诉她，如果再不求变，自己的职业生涯就结束了。于是，张帅改变了原来的打法。作为亚洲球手，她的击球力量并没有发生天翻地覆的变化，但击球线路更平、节奏更快，拍与拍的间隔时间明显缩短，不断给对手施压。敢于在27岁的年龄果断摒弃之前的技术特点，改变风格，是张帅最值得称道的地方。2019年7月的英国温布尔登网球公开赛，张帅再次闯入8强。2021年9月13日，张帅在美国网球公开赛上夺得女网双打冠军，获得个人职业生涯第二座大满贯奖杯，又一次证明了她主动求变是正确的。

变或不变本身没有好坏之分，但它一旦脱离理性、走向极端，就是毁灭的开始。“动辄就变”与“死活不变”是创业者甚至成熟大企业家经常走的两个极端。

“动辄就变”，说白了就是追风口，什么时髦干什么。从3D打印到共享经济，从VR到人工智能，从无人机到区块链，从工业互联网到数字化升级，今天换个项目，明天改个方向，笃信跟着风口把自己吹到半空也能捞一笔。

一个年轻创业者说得很直白，“我现在就是半年跟一个方向，政策提啥、趋势往哪儿走，我就尽量往上靠，总能碰上一个……”我知道他在追逐风口的路上异常辛苦，但细想想，这种投机主义多么令人震惊。不只他一个人，一大批创业者都是这么想的。

平心而论，风口是一个新兴产业刚出现时，在早期发展过程中的正常现象。但是，一旦创业者只是看到表象就盲目跟风，而不是在认定方向后真正夯实内力、踏实精进，这事就变了味儿。说好听点，追风口是一种融资和公关战术。如果真追上了风口，有时候向投资人拿钱会容易一点，参加创业大赛和媒体宣传时能更好地包装自己。然而，它更是一种侥幸的投机，一种赌博式的短视，风口之后，需要的是能一直“吹”在空中的战略定力、专业能力和实干精神。如果没有，只会重重摔在地上。

创业者说

一位北京大学“学霸”创业女孩在失败后说：“我承认，进入一个新的行业是一件好事，充满挑战，可以走在时代发展前列，但风险也是巨大的。一旦失败，创业者就会陷入无尽的自我思考，因为在追赶风口的过程中，积累的经验是断层的，以至于最后创业者会产生各种焦虑的情绪。因为反观自己，互联网金融懂一些，直播懂一些，但都不是很精通。而且，做每个项目都没有找到自己的原动力和初心，给人一种为了创业而创业的感觉。”

看看成功的企业，有几个是靠简单追风口就做起来的？真正的创业者应该是那个吹风的人，而不是被风吹的人。

和“动辄就变”同样危害巨大甚至有过之而无不及的，是“死活不变”，它的威力巨大到把曾经的行业巨头拉下马。商业世界里有两个有趣的对比案例，一个是诺基亚，一个是 IBM。

据传，2013 年 9 月，诺基亚 CEO 约玛·奥利拉在诺基亚品牌被微软收购的新闻发布会上说了这样一句话：“我们并没有做错什么，但是不知道为什么，我们输了。”

在早年的移动通信领域，诺基亚手机独领风骚，3310风靡大街，N97面世时更是让无数人为之疯狂，当时，只有少数人用三星、摩托罗拉和索尼手机。但是很可惜，诺基亚败给了谷歌，一个做系统开发的公司。诺基亚紧抱自己的塞班系统不放，而不是拥抱更符合趋势的安卓系统，于是手机卖不动了，到后来，手机业务更是被微软收购，曾经的辉煌迅速被苹果、三星、OPPO等后来者掩盖了。

诺基亚最大的错误，是在绝路上盲目坚持。除了手机行业的诺基亚，各行业都有类似的巨头被自己的"死活不变"干掉的案例，柯达、摩托罗拉……对那些靠创新起家的行业巨头来说，成为行业领袖后，往往热衷于对原有技术的改进、原有产品性能的提升，而不再拥抱新技术，不再进行有效的创新，直到被后来者替代，这就是"创新者窘境"。

陷入创新者窘境的核心原因，正是"死活不变"的惯性思维。

与诺基亚不同，IBM在21世纪初就开始主动求变推进瘦身计划，把业务重心从利润率低的"硬件"转移到利润率高的"软件和服务"上：2002年，IBM放弃全球磁盘存储市场20%的份额，把硬盘业务出售给日立；2004年，IBM果断砍掉PC业务，将其出售给联想；2007年，IBM把商用打印机业务出售给理光……IBM的做法打破了一众大公司伪坚持的惯性思维，通过一次次主动求变让自己更新。

与此相似，创业公司也要破除思维定式主动求变。然而不幸的是，不少创业者在盲目坚持的道路上越走越远。

“创业在任何时候都要坚持，坚持，再坚持！成功者都是坚持到最后的人。”

“当你像疯子一样去坚持，像傻子一样去死磕，就会发现没有什么我们做不到！”……

这些太过容易熬制的“鸡汤”曾喂饱无数人，但是，尽管它倡导了一种精神，却没有告诉你理性做事的方法，反而会让一些涉世未深的创业者误入歧途。试问：方向错了，坚持还有意义吗？“成功者都是坚持到最后的人”这句话反过来说更符合现实情况，“坚持到最后的人中，只有一小部分幸运儿成功了”。

真正的坚持，是顺势而为的主动求变和冷静睿变。

一个伟大的创始人、一个优秀的CEO要做的，就是找到变与不变的平衡点，择机求变而不固守，顺应趋势而不乱变，用睿变让自己和企业走得更远，方为永恒的创业之道。

不定与定的智慧

青蛙纵身一跳的最远距离可达自己身长的10倍。通过强悍的跳跃能力，青蛙可以避开很多陷阱以及天敌的追赶，我们可称其为“蛙跳策略”。创业者的蛙跳策略就是跳过中间阶段的修炼直达“心力”，彻底跳出原来的思维模式，站到更高的层面来实现反败。

苹果公司创始人乔布斯在里德学院读书时找到了思想上的依托。很多人说，乔布斯根本不是创业者或商人，他只是用禅学思想做了一件改变世界的唯美艺术品。在创办苹果公司之前，乔布斯一度不确定该对自己的未来如何决断，但在向禅师求教后看清了未来的方向，并开始信奉一句话：“拥有初学者的心态是件了不起的事情”，意即要像新生儿一样看待世界，永远充满好奇、求知欲和赞叹，不无端猜测、不期望、不武断下定论。

正是这样的初学者心态，让乔布斯在苹果产品中展现出各种天才的创意、独具慧眼的战略思考、唯美的产品设计，一切显得淡定又超然，展示出了其内心的天性。从“不定”中把握住“定”，站在不一样的高度俯瞰世界，跳出产品设计和商业竞争的传统思维，开创了商业世界中产品设计的新范式和新的思维体系。

再来看阿里云负责人王坚院士当初的遭遇。

当年阿里巴巴内部反对研发阿里云的声音很多，有人甚至直接跟马云说负责阿里云项目的王坚“是个骗子，你别听他瞎扯”。很多人对马云任命王坚这样一个心理学博士担任公司 CTO 十分不解。在各种非议声中，阿里云事业部的员工一大半离职转岗，一向沉默的王坚也在阿里云事业部年会上失声痛哭，他拿着话筒给自己鼓气：“这几年我挨的骂甚至比之前我人生里挨的骂还多，但我不后悔。”

为此，马云几次出来力挺王坚。面对公司内网上的一条条质疑帖，马云不得不在帖子后回复“请相信博士（王坚），给他一点时间”。然而这没什么用，部门之间因为阿里云整天吵架，以至于有一次马云被会议室里的拍桌子声拍蒙了，他说，“两拨人在我办公室吵，公司就像要分家了一样，最要命的是我听不懂他们在吵什么”。

几乎众叛亲离的王坚，得到了马云无条件的支持：“王坚说他知道大数据的方向，我信任他。如果撞墙了，这钱打水漂了，我花得起，这是战略。”对着所有人，马云斩钉截铁地说：“我每年给阿里云投 10 个亿，投个 10 年，做不出来再说。”此话一出，一切平息。结果是，马云和王坚做成了，2019 年，阿里云在国内排第一，全球排第三，仅次于亚马逊和微软，全球用户超过 140 万，全年营收 247 亿元，估值超 5000 亿元。

郑州宇通是一家知名的客车生产企业，2020 年在国内中大型客车市场中占据 35.3% 的销售份额，连续 18 年处于行业领先地位。为在产业链中寻找新机会，打造集团第二增长曲线，宇通从 2016 年开始进行内创业[一]。

然而，内创业也是创业，同样也有高风险，经常会出现内创业项目长期耗费资源却没有达到预期产出的情况。此时，是支持还是放弃，一把手对内创业的信念和支持就变得异常重要，这取决于其是否有足够的前瞻性和战略定力。在宇通众多内创业项目中，有一个汽车新材料的科技类内创业项目，前三年始终没有达到预期目标，但集团对此的态度是“宁愿让这个项目亏 5 年，也要支持，因为我们内部一致看好这项新技术的前景”。

宁愿让一个内创业项目亏 5 年也要坚持的背后，是公司董事长汤玉祥的前瞻性和战略定力。

汤玉祥从一个国企小员工干到宇通集团董事长，经历了数次挫折与抉择，他也从中形成了自己一套独特的企业经营理论。首先，他的战略定力用两个字形容就是“专注”。在宇通成长的过程中，汤玉祥始终专注于客车，而不轻易进入轿车和中重卡领域，即便是做新能源客车，也坚持只做电控和整车系统，而不考虑布局电池厂——在他看来电池是比发

[一] 所谓内创业，是指企业提供资源，让那些具有创新意识和创业冲动的员工和外部创客，在企业内部进行创业，企业变身为一个孵化平台，内部员工则变身为创客，双方通过股权、分红、奖励等方式成为合伙人，最终共享创业成果、共担创业风险的一种现代创业制度。

动机还要深奥的专业领域。干自己擅长的事，认准了便精耕细作而不怕慢一点，对内创业项目也是如此。其次，汤玉祥认为做企业就跟种庄稼一样，种地要抬头看天，做企业更要了解市场和趋势变化，不能一味苦干，否则种出来的东西烂在地里没人要，“我会选择最恰当的时机做最恰当的事”。正是基于对客车行业市场趋势和需求的前瞻性把握，宇通推出的新能源客车、新一代校车等都大获成功。宇通正在推动的诸多内创业项目，正是在顺应行业变革，为企业寻找第二增长曲线。

定，是要看清自己和未来的趋势，不管发生任何事情，都要镇定面对，懂得取舍。在做重大决策前，马云常常闭关，通过找到自己的本心和探索心灵直觉做出决策。

这在本质上是一种“直觉式”的思维决策方法。它完全不同于我们日常所采用的思维模式。一般人的思维模式是通过传统的知识教育逐渐形成的，学的理论知识和方法体系虽然能帮助我们理性思考、开发智慧，但也有缺陷：仅靠过去的知识和理论无法解读现在和将来，更无法应对不确定性超强的创业。

人的生命中有一种直觉智慧、潜意识思维，就像爱因斯坦所说：“直觉的大脑是一件极其珍贵的礼物。”孙正义在回顾软银当年为什么投资马云时，就说了三个字“凭直觉”。

在很多时候，直觉就是我们心中的定力。

从无力到三力爆发的智慧

泰山共有 7000 多级台阶，必须一级一级向上爬，依次克服攀登过程中的各种困难，才能登上 1545 米的顶峰。创业似攀登，从一个懵懂的创业菜鸟到成熟的创业大咖，从能力到惯力再到心力逐级修炼提升，就是反败的爬梯。

在人们的印象中，雷军一直顺风顺水，但大家都忘了他曾失败过 9 次，失败后他又连续反败。雷军在创立小米时曾说，“创业就是一次个人经验、资本、资源的全方位爆发”，这话就是在说他自己。在历次失败中，雷军逐渐提升自己的能力、惯力和心力，持续积累反败资本，最终爆发。

雷军最早创立的公司叫“三色”。公司的成立很偶然，雷军大学时读了一本书，叫《硅谷之火》，受到书中硅谷传奇创业大咖的影响，希望能像书中的乔布斯那样，心里便萌生了创办一家全世界最牛软件公司的想法。于是，很快他就和小伙伴李儒雄、王全国一起在大学里“攒”出了三色公司，在武汉的路瑜饭店租了个房间就开干。之所以叫三色，是他们三个人每人代表其中的一“色”。

然而，此时的雷军只是一个梦想当最牛程序员的极客，对创业没有真正的体验和认知。三色公司在创业初期，犯过一些现在看起来特别浅显但永远有人在不断重复犯的错误：几个人平分股权，权责利不分明，组织架构问题不断；摆脱不掉伪需求，想当然地以为技术领先了就能在市场上快速发展，很容易“把自己说信了”，但“没有人会相信他们”；也一直没有找到自己的盈利模式，情急之下卖过电脑，做过软件维护，杀过病毒，搞过印刷，仿过汉卡，但始终没有集中精力做好其中的一件事……

虽然很努力，但雷军的第一次创业以失败告终。后来雷军在回忆这段经历时认为这是他“最难忘的时光，是自己挖第一桶金的时光”。这次失败让雷军收获颇多：

（1）具备了“醒悟力”。在意识到三色公司的问题后，雷军曾经背个包整天泡在武汉电子一条街，跟他以前认识的朋友和不认识的老板们递名片、喝茶、聊天，最后告诉他们有什么技术难题或软件方面的需要可以找他解决。这也成了雷军日后的一个习惯，永远下沉到底层市场去捕捉最真实的市场需求。在做小米电视等智能硬件时，雷军会在出差的路上专门跑到乡镇的家电卖场，或随机下车坐个小板凳跟一线销售人员拉家常做市场调研。老百姓不太认识雷军这张脸，这让他有机会得到第一手资料，而他身边的工作人员觉得这种做法很不可思议。以市场为导向而非以技术为导向，敏锐地发现细分市场消费群体的独特之处，而不是以自己的盲目自信或技术专长去揣测市场，这是一种醒悟力：知道自己在做什么，知道什么做得不对。

（2）收获了“止损力”。三色公司没有盲目坚持，该断则断，这恰恰符合现在小步快跑、快速迭代的创业要求。知道何时关门，比一直死扛着要好太多。当创业者体会过关门之后，就知道下次怎样更好地开门。

（3）增强了“关系力”。雷军对身边的人有强大的感染力，即便团队散伙，大家也能保持很好的关系。当年一起做三色公司的李儒雄，前后三次一起和雷军创业，2015 年两人又一起创立了光谷创业咖啡，雷军占 50% 的股份，担任董事长。

（4）赢得了“机会力”。三色公司虽然开发汉卡失败，但这让雷军认识到“开发出汉卡建立起一个数据库后，即便不能出售汉卡，也能成为日后成就的资本”。这是一种前瞻发现机会并通过创业放大机会的能力，这种能力对雷军后来做卓越网、小米时帮助很大。

除了能力的提升，还有惯力的加强。雷军有一种“追求极致”的习惯，他曾这样解释什么是追求极致：如果自己没被逼疯，可能还没到极致。这个过程极其枯燥，但只有数量级的反复和精益求精才能让自己专注，才能做到把一件事的所有细节了然于胸。从一开始的程序员，到后来的产品经理以及担任金山软件 CEO，再到当投资人和成为小米的创始人，雷军这种把一件事拆解细分到极致的习惯一直都没变。雷军曾连续三年保持一个习惯，“每周一 9 时 30 分到 13 时 30 分不吃饭，专心干一件事”。稳扎稳打成为雷军创业的一个习惯，他习惯集中优势兵力打歼灭战。

2010 年开始做小米时，雷军的心力迎来大爆发。雷军根据市场需求的趋势，确立了“高性价比”的思路——把产品做好做便宜，让用户买东西时不用为价格而纠结。同时，他还提出通过专注做手机实现单点突破，借助手机成功获得市场地位，再去反哺其他产品。

“顺势而为”是雷军强调最多的一句话，他成立的创投公司就叫“顺为资本”。

心智的成熟让雷军在遇到波折时能从容应对。2016 年，小米手机出货量 4150 万部，相比 2015 年暴跌 36%，甚至跌出了全国前五名。面对这种情况，雷军迅速应变：一方面调整内部人事，撤换供应链负责人、小米创始人之一周光平；另一方面顺应中国互联网的发展趋势，从线上的互联网思维转到线下的新零售，重启“线下开店＋明星代言”的策略，把硬件和智能设备摆到小米生态链的核心位置，让线下渠道又一次成了竞争的核心战场。

后来，雷军在一次发布会上宣称：“自豪地说，世界上没有任何一家手机公司在销量下滑后，能够成功逆转的，除了小米！”

2018年上市前，小米估值被一再压低，从1000亿美元，到500亿美元，资本方的态度和行业大势的转变并没有让雷军心态失衡。他早已从之前若干次的失败和坎坷中学会调整自己的心态，直接以发行区间的下限定价。对多年“996”式工作、薪酬远低于BAT（百度、阿里巴巴、腾讯）的小米人来说，“虽然公司估值低于预期，但起码上市了……市场情绪好，能顺利IPO就是胜利”。

通过多次失败的淬炼，雷军形成了“技术开发能力→掌控创业节奏、跳过创业大坑→行业趋势前瞻判断”的创业逻辑。不得不说，显著提升的能力、惯力、心力是雷军创业反败背后最核心的支撑。

现在的雷军可以跳过很多大坑。每个创业者的反败资本，是要靠自己逐步积累的；没有切身的失败，很难积累经验。一步一个台阶地走过去，你收获的一定不只是反败三力的精进和爆发，更是人生智慧的进阶。

终局：人生牌局的长期胜利

创业就是一路打怪升级。然而，创业梦想成真、升级成功的只是少数，失意和面临至暗时刻的才是大多数。一个残酷的事实是，很多创业者多次尝试反败却无法翻盘。不论你是咬牙坚持还是理性放弃，是痛骂生活还是信心满满，从反败的那一刻起，就不该只纠结于反败是否成功，而要反复追问自己：**反败最终给我的人生带来怎样的出路？**

经历多了你就会发现，最重要的既不是成功，也不是失败，而是当新的一天开始时还有勇气再次出发。

随着年龄的增长，我们每做出一次选择的机会成本只会越来越高，我们面临的不再是创业本身的选择，更多时候变成了人生的选择。反败的真正意义，绝不只是创业成功与否，而在于给每个创业者打开了更多人生机会的窗口。你已经通过反败积累了大量反败资本——能力、惯力和心力的提升让你有了更多选择，即便没有走通创业这条路，其他路却走通了。你自己的创业可能会失败，但却获得了在全行业成功的出众竞争力。

“站高一格看世界”，从更高的视角俯瞰人生，你的前方就会柳暗花明。

反败出路的实质是找到适合自己的人生定位。

不论是归于沉寂还是终成霸业，不论是回归生活还是继续折腾，不论是重新择业还是再次创业，不论是做投资人还是做创业服务者，只要我们因为自己的选择而有所提高和成长，那便是真正的人生赢家。图 5-3 告诉你反败后的 *N* 条出路。

生命不息，出牌不止

有一种被称为职业创业家的人，在反败成功后不是停止脚步，而是继续“折腾”，即便失败也是快乐的。你不让他创业，他会觉得人生黯淡无光。

在职业创业家中，有一些天才型的创业者连续创业成功。庄辰超，人们所熟知的去哪儿网创始人，连续三次创业，三次成功。1997 年，刚满 21 岁的庄辰超在一位高中同学的启发下决定做一款中文版搜索引擎。他参照硅谷 Verity 网站的中国版，做出了中国第一个互联网搜索产品“搜索客”，比百度还早两年。之后，庄辰超把它卖给了国内的一家互联网 IT 企业——比特网（ChinaByte），成功套现。

在卖掉搜索客之后，庄辰超又开始鼓捣另外一个互联网产品——鲨威体坛，担任 CTO。借鉴上一次创业经验，鲨威体坛采取“咨询 + 图片”的新模式，很快成为国内最大的体育论坛。2000 年，鲨威体坛被李嘉诚的 TOM 集团全资收购，收购价格超过 1 亿元人民币，24 岁的庄辰超就此成为亿万富翁。

2003 年，庄辰超听说有人靠在线订房和订机票赚到了

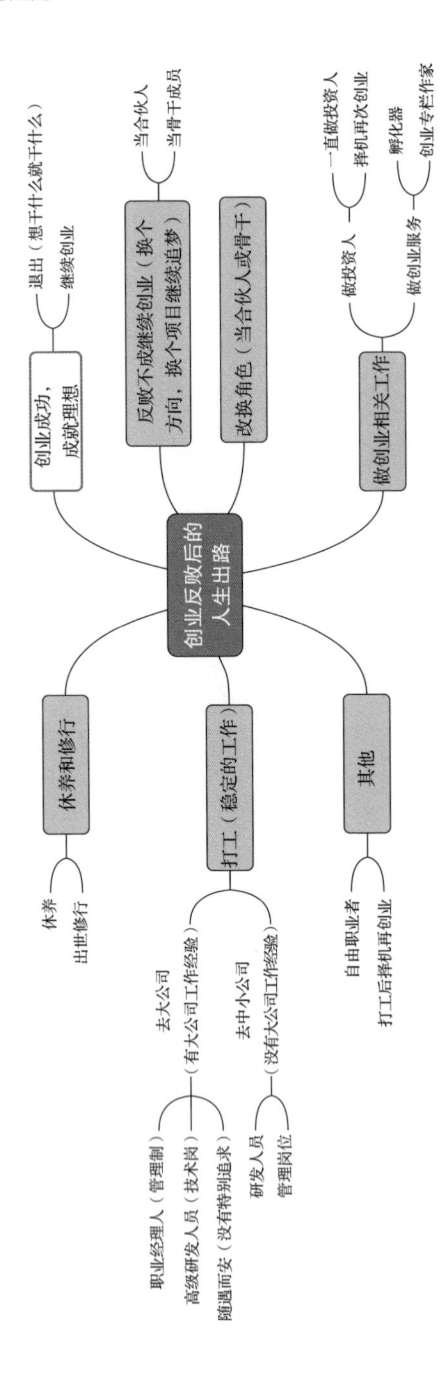

图 5-3 反败后的 N 条出路

15 亿元身价，当即决定从美国回国开始第三次创业，创办中文旅行网站“去哪儿”网。到了 2011 年，百度以 3 亿美元拿到了去哪儿网 61% 的控股股份，2013 年去哪儿网在美国纳斯达克上市，2016 年 1 月庄辰超卸任去哪儿网 CEO 时，其身价已高达数十亿元。

2016 年 3 月，庄辰超与另外两人成立了斑马投资，转型为投资人，投资 3 亿美元给便利蜂，影响巨大。其他典型投资案例包括融 360、美丽说和法斗士网等。

2017 年 11 月 16 日，融 360 在纽交所上市。颇为有趣的是，在融 360 披露的招股书中，公司 CEO 叶大清持股只有 9.6%，庄辰超却有 11.9%，持股比例超过了叶大清。其实，庄辰超才是融 360 最早的创始人兼 CEO，但那时庄辰超的主要心思还在去哪儿网与携程的竞争上，所以必须重新找一个 CEO 代替他。他在华盛顿的邻居叶大清便成了候选人之一。

有时候，你真不知道一个职业创业家的极限在哪里。

然而，即便看上去顺风顺水，这些职业创业家背后也经历过无数失败和磨难，他们的每次创业都是在前一次经验和教训的基础上继续前进的——但他们乐在其中。恰恰是这种享受创业过程的人，更愿意主动调整自己的能力、惯力和心力，他们积累反败资本的速度更快，也更容易达成目标。

不当老大，及时换牌

为了创业而创业，是一种“病”——创业者对上次的失败心有不甘，总想着再扳回一局。在他们看来，只要自己还在创业路上，那些关于个人梦想和财富自由的美好幻想就永远不会消失。于是，有些人会选择继续当 CEO，因为习惯了自己说了算。有些人的角色则会悄然转变，从当创始人到做合伙人，从做合伙人到成为骨干成员。每个微妙变化的背后都刻着上次创业的印记和基于失败经验的自我优化。

一位技术员出身的创业者，用 3 年多时间在北京连续两次创业。第一次创业他任 CEO，在回龙观做本地生活 O2O 项目，然而，因为“不懂现代互联网创业的套路，连融资这回事都不知道”，亏了 80 万元。他曾试图反败，同 100 余位投资人每天聊得口干舌燥，回答相同的问题，但最后所有投资人都拂袖而去。

第二次创业他谨慎了不少，一个朋友向他推荐某 BAT 高管创办的企业，该企业已经完成天使轮融资但差个技术合伙人。在做足了前期功课，看到这家企业有较好的基础后，一直心有不甘的他加盟这家企业当了技术合伙人。在那里，虽然薪水不高，但能聚焦自己的技术专长，在他看来，这种选择“并非降级，而是对自己角色有更准确的定位，对创业有更深刻的理解，就能打怪升级”。

在创业中不断调整角色，直至找到最适合自己的那个位置，这是第二种人生牌局。当你放弃自己做老大的梦想后，能够帮助别的创业者实现梦想，加入这样的创业公司，也能积累宝贵的经验去进行下一次创业。

站在牌局之后，曲线救国

中国不缺投资人，缺的是有过创业经历、帮忙又不添乱的专业投资人。令人称奇的是，连续创业者转型做投资人的方式诞生了不少优秀投资人——也许你不是一个顶级的创业者，却是一名优秀的投资人，上帝关上一扇门的同时，总会为你打开一扇窗。

梅花天使创投创始人吴世春有过数次不成功的创业经历，他曾参与但最终失败的创业项目包括酷讯、商之讯、乐呵互动等。2006 年，吴世春与陈华（后来唱吧的创始人）联合创办了酷讯网，并很快融到了两笔钱。随后，酷讯做了一件不少创业者都会做的事：在得到资本的快速认可后盲目出击、多线作战，结果无一取得市场领先地位。再往后，投资人与创始团队间的矛盾激化至不可调和的地步，吴世春离开了自己一手创办的酷讯。

吴世春后来反思这段失败经历，承认是由于融资太快导致创业方向不够专注，但他也认为“如果当时有支持创业者的超级天使，或许酷讯就能做起来”。正是因为拥有这样一种对失败的认知，吴世春才开始改行做天使投资人。

2014 年 5 月，梅花天使创投成立，在不到 4 年的时间里，其所投项目中涌现出趣店、唱吧、蜜芽宝贝等多个明星项目。吴世春没有料到，失败的酷讯给他带来了一批优质的投资对象，“酷讯在当时聚拢了一帮非常有理想和创业热情的有志青年，哪怕酷讯没做成，但是这帮人特别优秀。当时酷讯招人，只招那些不奔着领薪水，而是要通过创业改变人生的人”。即使酷讯散了，这些人却没有散，他们中出现了后来的趣店、唱吧、玩蟹科技等公司的创始人。投资曾经创业失败企业的优秀成员，成为吴世春创业反败的一种独特方式。

当然，除了吴世春这种类型，也有不少创业反败未果者先选择做一段时间投资人，再择机出山创业。只要创业之心不死，这种事就会大概率发生。所以，当你哪天忽然看到某个投资人的名片上写着某某公司创始人时，不要惊讶，他只是在用自己积累的反败资本，坚定地走在反败路上。

去发牌，而非上桌打牌

创业从来就不是一个人的事，而是整个创业生态的事。创业生态的优劣，创业服务的好坏，直接决定了创业项目的成败。然而，放眼望去，真正有经验、懂创业的专业化服务者并不多，这样的生态很难孕育出粗壮的大树和虎虎生威的猛兽。

正因如此，当很多创业者转身为创业者提供创业服务、做专业孵化器、提供深度创业培训、撰写创业专栏时，不得不说这是创业生态发展和进化进程中的一大幸事。

李善友，2005 年任搜狐高级副总裁，现在多数人知道他是因为混沌学园（混沌研习社），却忘了他曾经的创业者身份：酷 6 网创始人。2009 年，酷 6 网因为高管突然离职和申请视频牌照无果而面临无法融资的困境，到了生死存亡的时刻。李善友曾说，那时候对前途完全绝望，甚至希望有人把他一枪毙了。后来，盛大网络出手收编酷 6 网。2011 年 3 月 19 日，李善友退出酷 6 网，并高度认可和感谢盛大网络董事长陈天桥。平心而论，这是一段看来并不怎么成功的创业经历。

沉寂 4 年后，2015 年李善友转型做创业服务，创办了混沌学园，定位于“专门面向未来的创新大学”。一时间风生水起，混沌学园的粉丝们遍布微信朋友圈和各大论坛，李善友的知名度忽然比以前大了很多。尽管不少人对混沌学园颇有微词，但你无法否认的是，他帮助了很多创业者，他让创新创业的前沿知识以一种新的方式植入人们脑中。从一个创业者转身为创业服务者，李善友仍在用当年积累的创业资本帮助年轻创业者成长，这何尝不是另一种反败之路？

当然，还有一批创业者选择用笔杆子探索反败之路，成为创业专栏作家，更有的成为畅销书作家。经历过创业失败和反败的人，积累的反败资本可以化为文字、知识和洞见，通过这种方式帮助创业者。文字是光，创业者就是那种只要有一点亮光都要坚持，没有亮光也要再找亮光的一群人。

远离牌桌，择机杀回

反败未果的创业者去公司打工，是再正常不过的一件事。真正的强者，是可以在两者间游走而又从中受益的人。这种打工又分两种：一种是学习经验，伺机再次创业；另一种是回归正常生活，当个安静的打工仔。

刘强东和趣店创始人罗敏都选择了第一条路。刘强东大学毕业开餐厅失败后，跑到一家日本保健品企业干了一段时间，找到了第一次创业失败的原因，并在随后创办京东的过程中进行了纠正。趣店创始人罗敏早期创业失败两次后跑去打工，学够了经验后，又辞职去创办趣店。他俩看中的，恰恰是成为打工者以后身份的转变，让自己沉下心来学习成熟企业沉淀多年的管理经验和经营理念，为自己积累了极为难得的反败资本。

当然，也有很多人选择了第二条路，就是去打工，安安稳稳做个好职员，当个合格的职业经理人。创业之前有过多年大企业工作经验的创始人或合伙人，比较容易重回大企业做一名高级研发工程师或高级管理者。而毕业之后早早就开始创业的人，被大企业接纳的可能性较小，毕竟不羁、爱自由多年了，一下子成为被人指派任务的角色，心态上不好调整。他们更可能的是以管理者或骨干的身份去另一家创业公司，重新开始。

L 君是 20 多年前北京最早的一家管理咨询公司的合伙人。创业初期，这家有清华大学背景的咨询公司做得风生水起。然而，盛极而衰，因为公司创始人的财务管理和经营理念出现问题，整个公司急转直下。L 君在苦苦支撑两年后心灰意冷，退出了公司，连相应的股份回报都直接放弃。蛰伏一段时间之后，他加入了一家中字头的国企，现在已经成了一名高层领导。

他之所以能到这家公司并表现出色，一个不可忽视的原因是他在大学毕业后就进了一家港资上市企业，在董事会办公室历练了 4 年，熟悉大企业的经营管理流程和做事规则。当然这只是敲门砖，更重要的是他在自己的创业过程中和随后的反败过程中积累了大量的经验和方法，让他比大多数人在综合能力和待人接物上都更为出色，跨界获取的反败资本足以让他重新找到人生的定位。

每个人在创业反败后不是只有一个选择，而是有几条出路，不同出路之间还能转换。当你体会过非常人所能体会的创业的喜悦、迷茫、充实与焦虑，当你拥有别人所无法拥有的反败资本时，就能够放下很多人和事，在一个新环境中重新来过。这是一种长期智慧。

说到底，“天不亡人，人勿自亡”。

善待失败方能孕育伟大时代

文化看起来是一种虚无缥缈的价值观，但却深深地影响着人类。在人类的创新长河中，最具杀伤力的不是失败，而是外界对失败者的苛责。

中国传统文化对失败的观念也大抵如此：人们厌恶失败、排斥失败，衣锦还乡、功成名就才是荣光。虽然有过像汉武大帝、康熙大帝这样接受失败的君王，有过像越王勾践卧薪尝胆这样的反败案例，但毕竟是极少数。我们的失败文化已经缺失了五千年，这种说法一点也不夸张。

时至今日，创新创业已是社会热词。因为人们更愿意看到成功而不是失败，于是人们“真的”看到了很多成功：媒体上宣传的是成功创业故事，论坛上高谈阔论的都是创业成功者；今天这个主板上市，明天那个又融到几个亿……

畅销书作家罗尔夫·多贝里在《清醒思考的艺术》一书的"幸存偏误：你为什么该去逛逛墓地"中写道：由于日常生活中更容易看到成功，看不到失败，你会系统性地高估成功的希望。这被称作**"幸存者偏差"**，是人们对失败的第一个固有认知——**你看到的只是活下来的幸存者，那些失败者早已不见踪影。**

历经几次重大波折终于上市的拉卡拉创始人孙陶然就说，"……大家都一样，都经历了所有的沟沟坎坎，只是你没有见到而已。因为你见到的只是最终能站在台上的5%的成功者，其他95%没有成功的人已经消失在人海中"。

我们以为看到的成功都是必然的，其实它只是偶然的；我们以为看到的失败只是偶然的，但那才是必然的。由于选择偏差，成功的偶然性被刻意放大了很多倍。

不仅如此，人们容易看到失败的负面影响，而不是它的正向价值，我称其为**"失败偏差"：一旦失败，人们会刻意把失败的影响放大很多倍，认为很难再翻盘**。2019年初，被创投界视为独角兽项目的ofo小黄车出现经营危机，千万人在线上线下排队退押金。一时之间，关于这个企业和创始人的各种负面信息接踵而至，人们开始把矛头直指ofo创始人戴威，一边倒地口诛笔伐，似乎忘记了不久前媒体和大众还在津津乐道他的种种励志故事。

对同一件事情，前后有如此大的反差，已不再是某个群体的问题，只能说我们骨子里缺乏一种叫失败文化的东西，让我们在面对失败时无所适从，对失败的宽容无比脆弱。很多人嘴上喊着创新，可是真遇到创新的事时，第一反应就是退缩、求稳和质疑；看到别人创业失败，第一反应是“幸好我当时没做”；很多场合，没有创新创业经历或没有深入调研的人却言必称创新创业，害人不浅。

我们有没有想过，比失败本身更可怕的，恰恰是对创业失败者的否定，是全社会对失败的选择性回避。

不宽容失败的文化氛围，是压倒创业者的最后一根稻草。

放眼全球，但凡创新活跃的地方，都会善待失败。

以色列被誉为全球创业圣地，人们在膜拜、学习时，往往强调其教育体制和创业生态，却少有人剖析以色列人骨子里那种不把失败当回事的独特信念。《创业的国度》的作者之一索尔·辛格说，一个犹太母亲如果有一个孩子是创业者，她不会为之担忧和疑虑，反而会非常骄傲。

以色列在历史上曾经多次饱尝亡国之苦，犹太人失去祖国近 2000 年之久，他们长期分散寄居他国。惨痛的民族史，让以色列成为世界上最有危机感的国家之一，同时也是最包容风险、接受失败的国度。以色列媒体不吝对勇敢挑战现状的创业公司的赞扬，不吝对失败和转型故事的鼓励。这让创业者、投资人和民众形成一种价值观：**失败了从头再来就好，不必背上沉重的思想负担，失败不是意外，而是成功路上的必需。**

正是这样一种对待失败的独特价值观，让以色列这个国土面积跟北京面积差不多、人均耕地 1.5 亩、人均水资源只有世界平均水平 1/4 的国家，在 2008 年前的人均创业投资就已经是美国的 2.5 倍，欧洲的 30 倍，中国的 80 倍，印度的 350 倍，平均每 1844 个人中就有一个人创业，农业技术全球领先……

眼光越过太平洋再去看看硅谷——**不宽容失败，不善待失败，就没有硅谷的今天。**

硅谷流传着一句名言——It’s OK to fail，翻译过来就是“别把失败太当回事儿”。硅谷对失败的宽容体现在两个方面。一方面，是风险投资对创业失败的宽容。硅谷投资人更看重的是创业者有没有失败的经历，而不是光鲜的成功履历，失败者被称为“有经验的人”。事实上，投资人所投的 90% 的项目都以失败告终，他们也是从不断的失败中才获得巨大回报。另一方面，是公司内部对失败创业项目非常宽容。科技巨头经常以庆祝的方式对待失败，“早失败，快失败，在失败中成长”是它们的信条。但凡成功的企业，都经历了无数的失败。

硅谷的许多公司宁愿让员工冒失败的风险，也不愿失去任何创新的机会；宁愿让企业的利润暂时受损或承担创新失败带来的后果，也不愿员工丧失勇于创新和冒险的精神。大家看到谷歌、苹果和 Facebook 等公司总能不断推出备受追捧的产品和服务，但它们内部失败的项目要比成功的多得多。斯坦福大学商学院的著名战略管理学家威廉·P. 巴内特在被问到硅谷创业公司失败率很高的问题时说，“如果硅谷的失败率下降，我会很担心，那说明硅谷的创新活力和能力下降了”。硅谷有那么多的失败，才让人心里踏实。

欧洲一直以保守出名，但近些年一些国家也开始培育包容失败的文化。芬兰自 2010 年起设立了“国际失败日”，每年 10 月 13 日芬兰人都会鼓励全世界人民“自曝己短”，释放自己内心的压力，摆脱对失败的恐惧，甚至在官网上提供了一份详细的“失败指南”，教人们如何“失败”。依照这份“失败指南”，在社交媒体上打卡的人越来越多，“晒失败”变成了全民流行的活动。

瑞典有个叫韦斯特的心理学家开办了一家“失败博物馆”，陈列了 70 项失败的发明展品。博物馆创立的初衷，并非嘲讽失败的产品，而是为了说明一件事：创新是一门高风险的生意，创新需要失败。无论是个人还是组织，都可以更好地学习和研究失败，而不是刻意忽视，假装什么都没发生。

这遵循了一个简单原则：每个创业者都有一笔宝贵财富，但财富必须从失败中挖掘。2009年，卡斯·菲利普斯在旧金山创办了失败者大会——FailCon。每年10月都会有多达500位创业者聚集一堂，分享他们的失败故事。然而，2014年FailCon在旧金山的大会取消了。菲利普斯称，这是因为创业失败现在已成了硅谷的热门话题，没有必要再专门举办一个失败者大会了。

是啊，当拥抱失败已成为文化的一部分时，每个人内心是何等无所畏惧，做事底气又是何等坚实有力。

高失败等于高活力，而不是高损失，这就是观念上的巨大差别。个人和国家都要从失败和苦难中成长，这比顺境中的成长更有价值。

创业失败对人的锻炼和提高是一辈子的事，是提升全民能力的快车道。得创业者得天下。

创业失败有助于培养民族自信心，经历过失败的人更坚韧，更知道怎样重新站起来。

创业失败的价值不在当下，而在10年、20年后。眼光放长远才能真正享受创业的长期红利，这也是整个社会该有的理性姿态。

管理学中的“比伦定律”告诉我们，若你在一年中不曾有过失败的经历，就说明你未曾勇于尝试各种应该把握住的机会。任正非就是一个倡导创新、宽容失败的人。他认为，对于科学家的研究成果，应放在一个较长的时间周期去看，不能过于计较当下的现实意义。科学研究如果没有“浪费”，就不可能成功，当然前提条件是要大致对准主航道。“华为的产品研究成功率不超过50%，每年有几十亿美元被‘浪费’了。但华为宽容失败的机制，培养起了一大批高级将领，他们在各个领域能独当一面，替华为开辟更多的新领域。”

善待失败不仅是一种与众不同的坚定信念，更是你我合力才能展现出的一种民族气质。

- 善待失败不是“鄙视失败”，而是**重视失败、寻根问源**。
- 善待失败不是“纵容失败”，而是**宽容失败、再给机会**。
- 善待失败不是“打压失败”，而是**鼓励失败、保持活力**。
- 善待失败不是“看到失败”，而是**看透失败、找到出路**。
- 善待失败不只“分析败因”，更要**赋能失败、提供方法**。

一位创业者曾给我发来这样一段话："看到蔺老师你写的'善待失败才能孕育伟大时代'这句话，我真的忍不住泪目了。如今的大环境并不太善待我们这些创业人。你成功没人说什么，你一旦失败，闲言碎语的难听只有经历过的人才懂。我从小就是乐观主义者，所以我个人还好，难过的时候能熬住，但这个世界上其实还有很多性格内向但不甘命运安排想努力的人。如果我们创业大环境是宽容的，那么大家就能勇敢做自己想做的了，就算失败了，身边的人也能善待他们，给予鼓励或帮助！"

是时候抛弃对创业失败的陈思旧念了！中国的失败文化已经缺失了五千年，但终将会在我们这一代重建。大众创业、万众创新的时代不只是一个全面创造的非凡时代，更是一个全面反败的伟大时代。我们从未经历，却无比渴望这样的时代。每个人都不是旁观者，与其被时代洪流裹挟前行，不如用我们每个人信念的转变和自己的一份小小力量，去主动贡献于这个时代，做一个伟大时代的伟大顺势者！

06

第六章

创业再出发：从胜任力到新机会

创业胜任并不简单，要迈过三关。

创业再出发，拼的是什么？绝不只是勇气或骨气，创业是一个“闯三关＋胜任力评估”的不凡过程。不经历“闯三关”，你扛不起再次创业的担子；不理性自我评估，你不知道自己的胜任力有几何。当然，在这个时代创业，把握宏观大势不是可选项，而是必选项。每个再出发的创业者要拨开迷雾见未来：既要把握住创业的三大新机会，又要认清创业的三个新挑战。

再出发必须过三关

创业失败后人的情绪会一落千丈，处在一种极不正常的状态，再强的人都扛不住。所以，对创业失败者来说最重要的一件事就是回归自然态。

什么叫自然态？就是正常人的生活状态。在创业的世界里待得太久，往往会忘了正常生活的状态和节奏，甚至可能出现非常明显的强迫症和扭曲态。用回归正常生活来抚慰受伤的心灵，一定是最直接且最有效的方法。

然而，回归自然态谈何容易，代价一点也不小，至少要过三关。

第一关是“还债关”——欠债还钱，避免声誉破产。

创业失败后最令人痛苦的不是自己的心态有多糟糕，而是有一屁股债要还。债主不会因为你创业不易或刚刚失败而“善心大发”，所以，踏踏实实挣钱还钱才是王道——你可能没有一点喘息的机会，就要开始清算过程，一笔接一笔地还钱给债主。

道理很简单，这不仅仅是债务问题，而是事关恢复个人声誉的问题。

一个人失败后，随之而来的往往是声誉丧失、身边人离去、债主找上门。如果还想继续在社会中生存，他就必须挽回声誉，重新赢得众人的认可。声誉，应当恢复，而且必须恢复。当一个人因为不还债而“社会性死亡”，一辈子都很难真正走出来，这才是真的失败了。

道理谁都懂，但真正能扛过这关的创业者寥寥。一部分人选择了跑路玩失踪，声誉全无；还有一部分人从此消沉，一辈子被负债压得喘不过气来；更有一小部分人走上绝路……不逃避，玩命地赚钱，主动还钱，才是最积极的自我拯救之道。

第二关是"改变关"——"三力"重组，避免伪改变。

如果你没有欠一屁股债，那么恭喜你，你可以直接迈过第一关了。当然，这种时候你虽没有大的财务负担，但内心的痛苦和挣扎会异常明显。要让自己在失败后变得好起来，有一个绕不过去的坎，就是改掉自身的毛病，否则情况只会变得更糟。

反思，反思，再反思，是对自己最负责任的做法，甚至是找到出路的唯一做法。失败后的反思是对自身能力、惯力和心力这"三力"的深度剖析，是一种极度折磨人的自我否定过程。不经历逆境下的反思，你永远是原来的你。顺境下的反思，很难触及灵魂；失败后的反思，才是让我们进步的阶梯。记住：这个过程越痛苦，越别扭，最后的收获一定越大。

有一点我们需注意，那就是"伪改变"。所谓伪改变，就是看上去变了，实际上本质没变。太多创业者用形式上的改变，替代实质上的不改变。进行"伪改变"的创业失败者，能力缺陷没有改善，惯力更是一时半会儿改不了，到最后很可能会形成一种"莫名其妙"的心力——看上去好像历经沧桑，事实上却仍在原地踏步。

第三关是“出路关”——只要比现在好，就是成功！

失败后的出路是在能力、惯力和心力这“三力”重组调整的基础上进行选择的结果。“三力”不变，就没有出路，而且只会更惨。

必须确立一个信念：只要选择后的状态比之前创业时的好，就是成功的！哪怕是去打工，或是去深山修行，或是每日调养生息，只要比之前创业时的状态好，就是好的选择和出路。

当然，说句残忍又现实的话，总有一类人是无可救药的，失败后会给自己和周围的人造成太大伤害。对于这样的人，我们要心存善念，但能离多远就离多远。

看到这里，是不是觉得回归自然态太难了？没错，是难。但这只是重新出发的第一步，下一步或许更难，那就是对自己进行胜任力评估——世界上最难的事情就是认清自己。

创业者胜任力模型

但凡想创业的人，心中都有一个共同的问题：“怎么判断自己是否适合创业？”

前面写了那么多的失败和反败，是时候告诉大家我的一点建议了。先讲一句老话，“没有金刚钻，别揽瓷器活”。并非每个人都适合创业。那么，创业者究竟需要哪些“金刚钻”，才能考虑创业？

看过那么多令人心痛甚至窒息的失败案例，我总结出五种关键能力，我将其称为五种胜任力。

一是长线战略力

“一旦方向错误，一切都将是灾难性的。”当创业者没有经历过因为方向错误而失败时，很难真正感受到这句话的分量到底有多重。在早期，创业者往往觉得自己的方向正确、前景广阔，只需要加倍努力就能成功。只有在因为方向错误而经历惨败时，创业者才开始体会长线战略力的价值。我把长线战略力放在模型最顶层的原因是，创业到最后比拼的一定是长线战略力。

话又说回来，长线战略力往往来自天赋，一种对于“方向感”的天赋——有些人就是能在不确定的环境中摸得透、站得高、看得远。这点不服不行，因为绝大多数人做不到。不是每个人都有这种天赋，也并非只有具备了这种能力才能去创业。当我们不具备这种能力时，努力去做三个方面的事情就可能对长线战略力有所弥补：首先是在实践中不断增强自己的直觉判断能力，相信直觉告诉你的第一感觉，就像乔布斯一样；其次是在一次次的碰壁中增加阅历和见识，用阅历和时间提升自己对长线战略的把控力；最后是保持初心善念力、不破底线。

二是短线生意力

虽然创业要靠梦想支撑，要靠战略掌舵，要靠资本助力，但最终都要求创业者有一种基础能力：短线生意力。会做生意，对赚钱有感觉，一定是创业这件事不可或缺的前提，甚至是一个原始条件。看上去这个说法有些上不了台面，但它千真万确地影响着创业成败。太多极为聪明的和手握技术专利的创业者最终折戟沙场的原因很简单——不是在做生意，只是在做自己认为的“创业”而已。

做过生意，赚过钱也赔过钱的创业者，往往具备两个优势：一是更善于实现目标，知道如何把技术、人才、政策、资本等现有资源组合成可变现的模式，而不是在某个具体环节纠结，跳不出来；二是更善于洞察人性和隐藏在人性背后的市场变化，把握市场机会。我曾接触过一个堪称“神童”的创业者，他三次创业三次失败，负债千万元，后来他说了一句话：“失败后我才明白，究竟什么才是赚钱！自己以前只是在不断干事、不断解决问题，真不知道该怎么赚钱。”

先学会做生意，再考虑去创业。

三是风险节奏力

创业是一场不受控的冒险，能否平安抵达终点，关键不在于你有多努力，而在于你如何把控风险和节奏。

世间的工作可以分为两种：创业与非创业，两者最大的区别就是不确定性的大小。为什么说创业是九死一生甚至是九十九死一生？因为多数人对创业的不确定性和风险的把控力都很弱，最终“埋葬”了自己。怎么才算具备风险节奏力？一个重要标志是看自己是否具备“止损力”。“止损”这个词谁都明白，但何时止损，如何止损，敢不敢止损，会不会止损，却像一道魔咒萦绕在每个初入江湖的创业者心头。有多少人心存侥幸，该停而不停、该放而不放，以为坚持就能赢得一切，最后把自己的底裤都输光了。

当一个创始人懂得如何把控风险，他就一定知道如何掌控创业节奏。但凡用力过猛或发力不足，都会让自己折损。创业既需要一路狂奔，也需要走走停停，这很考验创业者的风险节奏力。会止损的人，才是真正的创业者；不会止损，就千万别创业。

四是自律坚韧力

创业对自律和坚韧的要求，和普通工作不在一个层面上。一个人若想创业，千万不要拿打工时的经验来理解创业，否则易出现心理落差，以及对自己的否定会与日俱增。

创业的自律是什么？其实是自虐。用自虐改变以往形成的习惯，是适应创业的唯一方法；创业的坚韧是当苦行僧，苦行僧般的坚守是在为自己拉长时间轴，降低创业的失败率。

创业是一场修行，但它一点也不美好，很多时候甚至是反人性的。这场修行会在创业者身上留下一生难以磨灭的烙印。这种烙印就像运动员通过千万次训练形成肌肉记忆一样，创业者要通过修行、遭受打击、承受痛苦、面对压力、彷徨、决策等形成持久的创业记忆。我打心眼里佩服真正的创业者，因为那是常人难以企及的“传奇”。

没有足够、一贯的自律和坚韧，即便功成名就了也会跌落神坛。一时的自律和坚韧好做，一世的自律和坚韧难为。

如果做不到自虐成长，一定不要创业。

五是初心善念力

人们常说，创业的初心不就是赚钱吗？这个答案也对也不对。关键看你想赚什么样的钱，是干净的还是肮脏的，是基于善念还是恶念的钱。

如果初心不正，千万别去创业。因为创业过程中有太多诱惑，有太多突破底线就可以快速捞一笔的机会，恰恰此时才是对创业者的真正考验。尤其当企业面临生存危机时，太多创业者会选择突破曾经坚守的底线，扭曲曾经的初心。结果是，创业的世界非常公平，任何基于恶念的创业最终都会把赚到的钱吐出来，任何一个曾经辉煌的创业大佬都会栽在初心不正、善念不够的泥潭中。看看那些陨落的商界大佬，便是明证。这个忠告别不信，不信你就去试试，一定会撞得头破血流。

初心不是不能丢，危难之下创业总会变形走样，但真正的创业者必须具备找回它的能力，更具备把初心照进现实的能力。

坚守初心、保持善念，是创业的准入条件。如果你做不到，就忘掉创业。

如果要把这“五力”排序，则依次是初心善念力、短线生意力、自律坚韧力、风险节奏力、长线战略力。就像马斯洛需求层次理论模型，我们也给创业者提供了一个胜任力模型（见图 6-1）。

这世上没有一个关于一个人是否适合创业的标准答案，

用反向思维和极端思维来解析自己，也许是最好的方法。

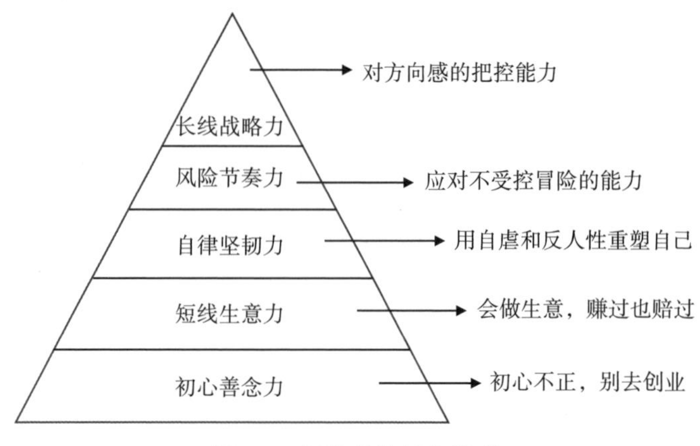

图 6-1　创业者胜任力模型

- 如果你在创业的初心和善念受到巨大打击和强烈质疑时，还能坚持不逾越底线，那就去创业。
- 如果你在生意受挫、现金流极度匮乏之时，还愿意拿自己的辛苦钱、亲人的存款以及到处借来的钱给小伙伴发工资，甚至敢抵押房产去银行贷款，坚持下去，那就去创业。
- 如果你在经历数次失败后，还能有苦行僧般的意志，还愿意用自虐挖掘自身的潜力，那就去创业。
- 如果你在功成名就后，依旧保持着对新事物的巨大热情、对未知领域的好奇、对改变即将发生的坚定信念，依然愿意从头再来一遍并体验创业中的美好，那就去创业。

创业再出发：新机会和新挑战

动荡的世界，唯一确定的就是不确定，唯一不变的就是一直在变。在重新出发创业前，把握未来大势、减轻焦虑、洞悉机会和挑战是必须做的事。

当前的国际政治经济格局正在发生深刻调整，新冠肺炎疫情呈现长期化、复杂化趋势；新一轮科技革命和产业变革突飞猛进，颠覆性技术创新不断涌现。国内转向高质量发展的需求非常迫切，共同富裕、碳达峰碳中和、教育领域“双减”等新战略新政策加快实施。这些因素对当下国内的创业活动带来巨大影响，以往“空手套白狼”“赌一把就走”的创业方法已经不灵了，实体经济、科技创新和社会民生领域的发展将为创业者重新出发提供新的选择和机会。

围绕实体经济的赋能型创业：找准痛点就有大机会

我国的生产制造业、零售业、服务业市场日趋饱和，企业提供的产品和服务也日趋同质化，在市场竞争加剧、疫情防控常态化的形势下，大量中小微企业面临巨大的生存压力。如果沿用传统思路在这些实体领域重复过去的模式进行创业，显然没有多大的发展空间，创业失败的概率将会非常高。

未来实体领域的创业机会将是赋能型创业，即找准实体行业发展的新痛点，依托互联网、人工智能等新技术新模式创造性地提供新的解决方案。比如，针对现在实体门店面临电商冲击、客流枯竭、复购率低等痛点，可以为实体门店提供本地化服务平台、短视频营销服务、新营销培训等，这些都是未来的新商机。

对于生产工厂面临的库存高企、效率低下等痛点，这既是数字化和智能化技术应用的新场景，也是企业数字化转型升级的新机遇。随着新冠肺炎疫情的大流行加速，诸如远程办公、线上开会、远程教育等正成为现代社会必备的基础设施，这也给创业者提供了新的机会和空间。

面向前沿领域的科技型创业：技术与商业融合是好机会

在产业进入同质化竞争之后，拥有技术优势才是创业企业更长久的竞争力。当前和未来一段时间，一个超大规模的科技创业机会窗口正在打开。与以往历次科技革命基本以单项技术孤军突破相比，新一轮科技革命是在几大技术领域中几乎同时取得进展。以往的科技革命的影响主要集中在工业，这一轮新技术革命则渗透到经济社会发展的方方面面。特别是数字化技术和交叉学科的发展大大加速了科技创新的步伐，推动信息网络、人工智能、生命健康、新能源、智能制造、新材料、节能环保等技术的群体性突破。这不仅会带来全新的产品和服务，而且任何一项新技术的广泛应用，都需要与之相关的技术配套体系，这必然引起“链式反应”，创造出大量全新的创业机会和就业岗位。

新冠肺炎疫情的全球肆虐，也倒逼生命科学前沿研究和技术加快突破，检测技术、疫苗和药物研发等都有巨大的刚性需求，生命健康领域也将成为科技型创业的热点。当然，科技型创业的关键就是要洞察和挖掘技术的商业价值。眼下，一批由长期使命驱动的研究型初创企业通过积极探索技术的商业价值而获得迅速成长，例如DeepMind、OpenAI、SpaceX，这些都是比大公司成长得还快的创业公司。

聚焦民生领域的社会创业：用市场机制找巧机会

社会创业源于20世纪80年代的美国，是指组织或个人在社会使命驱动下，借助市场力量解决社会问题或满足某种社会需求，追求社会价值和经济目标的一种创业方式。社会创业最初在公共服务领域开展，并逐渐超越民间非营利组织范畴，成为减少贫困、保护环境、消除不平等与促进能源可持续发展、解决就业和医疗健康问题的一种独特的创新模式。碳达峰碳中和正在打开新的创业机会窗口，低碳技术、产品等的大规模开发成为趋势，碳盘查、碳配额管理、碳规划等新型服务业务将兴起。

在二手产品循环利用方面也出现了新机会，比如“渔书”就是一个社会创业项目，其主要业务是搭建二手书置换和购买平台，现已在全国多个省市搭建了几百家实体书店，循环书籍数千万册。再比如，地沟油被不良商家搬上餐桌，这个问题如何解决？光靠政府执法部门打压，成本非常高，而且反弹大，道兰环能的创始人刘疏桐把地沟油做成生物燃料，不仅节能减排，还能断其回流餐桌之路。类似地沟油这样的问题，用可持续的商业模式从经济利益角度来推动才能有效解决。

企业主导的内部创业：通过做与母体企业相关的事放大机会

为应对各种不确定性和激烈的市场竞争，寻求新增长点，越来越多的企业开始尝试内部创业。通过鼓励企业内部有创业冲动、有创新想法的人，在不冒着职业生涯最大风险——辞职的情况下，把这些想法付诸实施。企业提供资金、场地、资源、精神支持和股权激励，让创业者在企业的支持下、风险相对小的情况下开始创业。

这些内部创业的方向要么与母体企业业务相关、要么盘活母体企业资源或借助母体企业的能力，这些创业团队获得成功后可以并入母体企业，甚至最后反向收购母体企业。这几年，许多行业领先的国有企业和民营企业都未雨绸缪，将内部创业作为战略性举措，积极着手建立自己的内部创业项目孵化体系，为未来的业务转型或增长提前布局。

当然，面对这些新机会，并不意味着创业者一头扎进去就会成功，他们面临的挑战也是巨大的。主要有以下几个方面。

挑战一：你看到的机会，不一定是你的机会

比如，科技型创业其实有比较高的技术壁垒，新技术的市场化周期长、投资大，创业投资回报周期更长；科技型创业对配套资源的要求高，尤其是创业初期需要巨额的配套资金投入；技术领先也并不代表一定能够打开市场，创业者还要对市场有足够的认识和敏锐度。再比如，现在的“双碳”领域有很多零基础创业的创业者，如果他们在创业之前没有做好充分的准备，想清楚自己的优势和劣势，找准切入点，失败在所难免。

挑战二：不懂国家政策，所到之处皆是坑

比如，现在的人工智能、大数据和生命健康等方向的创业，如果伦理问题处理不当，就可能有触碰道德和法律底线的风险。对于教育领域的创业，如果不重视研究教育改革的方向，就可能陷入举步维艰的境地。对于金融方向的创业，如果不能深刻把握金融监管的要求，再好的金融产品和服务也会被叫停。

挑战三：只想短期捞一把，迟早会栽跟头

任何领域的创业都不可能是一帆风顺的，创业考验的是人的持久耐心和长线专注度。无论是赋能型创业，还是科技型创业、社会创业，或者是企业内部创业，都需要重视市场的真实需求，需要踏踏实实地专注解决市场的痛点和难点。创业者如果只看短期利润，把挣钱当作唯一重要的事，哪怕一时获得成功，甚至企业在短期内成长为行业巨头，从长远看也会摔得很惨。

特别奉献一

失败教育是创业第一课

2019年12月21日清晨，全国硕士研究生入学考试。无数考生在寒风中瑟瑟发抖地等待入场，都在抓紧最后一点时间准备着。想想看，你我不都是这样一步步考过来的吗？每个人都有过考试失败的经历，我们对考场上的一次次输赢已能较为坦然地接受，即便考砸了，也有很多人有勇气选择复读，来年再战。然而，一部分人长大后在人生的另一个考场——创业的世界里，却对失败另眼相看，甚至在失败后不堪一击，从此一蹶不振。为什么？

创业的世界里缺了至关重要的一样东西——失败教育。

创业本身就难，如果再被创业教育坑一把，那更是难上加难了。相比老一辈创业者，现在的创业者已经幸运得多，有那么多对口的课程可以听，有那么多大咖的经验可以借鉴。然而，如若人们在一个训练营里听到的课，只是大量成功方法的灌输，只是无数成功学案例的宣讲，人们对失败只是嬉笑调侃而非解剖深究，这样的课程一定是失败的，甚至会把人带到沟里。

创业是一场残酷的幸存者偏差游戏，彻败的绝望、心态的崩塌、生死的决绝，才是创业残酷而真实的体验。创业的真相，只有在洞察自己和他人的失败后才体会得到。此时，如果还一味去灌输成功学，显然是在误导创业者，说严重点，就是变相杀人。相比用成功学来复制成功的浮躁心态，用失败案例来避免失败会更一针见血、直击要害。

20 世纪 90 年代中国最著名的“失败者”史玉柱在一次企业家课堂上公开讲述了他当年的失败经历。台上的史玉柱毫无保留，台下的学员坦诚相见。史玉柱说，巨人集团的失败毫无预兆，在巨人集团最辉煌的时候，每一篇文章都是对他的赞扬，媒体称其为“中国的比尔 · 盖茨”。但当巨人集团倒下时，成功就如同幻象瞬间消失。他找人统计过，在失败之后的 1 个月内，全国主流媒体发表了超过 3000 篇文章批评他和巨人集团。他感觉自己一夜之间就成了“中国首穷”，“连清洁工阿姨都比自己富有”。

“面对这样的失败，你是怎么过来的?”台下的学员问。史玉柱半开玩笑地说，面对失败，自己跟其他人的应对没什么差别，“一开始也想过自杀，但仔细琢磨了一下，这样不行。万一自杀成了，第二天报纸一出，‘史玉柱自杀’，不仅事业失败，还把自己弄死了，这不太好；但万一自杀没成，第二天报纸一出，‘史玉柱自杀未遂’，自己不仅事业失败，想死还没死成，好像更不好了”。

看似轻描淡写，实则万分绝望。

后来，心情很差的史玉柱带领一帮死党去爬珠穆朗玛峰，终于“差点要把自己弄死了”。他对来上课的学员说，隔天早上醒过来，“感觉多活一天都是赚来的”。下山以后，他就像换了个人一样重新开始，性格也变了，不再像当初那么狂妄，集中所有精力做自己热爱的事，一次只做一件事，不再想着做大做全。

教育的伟大之处，不在于教了什么知识或方法，而在于开启心智、开拓见识。诚如蔡元培先生所说，“教育是帮助被教育的人，给他们能发展自己的能力，完成他的人格，于人类文化上能尽一分子责任”。**失败教育的 99% 不是教知识，而是开启创业者的心智，让他们在创业前有足够的心理准备迎接挑战，在创业中有足够的心力扛住塌方，在失败后有足够的能量快速翻盘。**

徐小平说，创业初期的新东方几乎每天都有两三件事会导致公司直接倒闭，从某种意义上讲，新东方同样死了 6 次，崩溃了 6 次。自己经历过失败，更看过无数被投企业的失败，这让徐小平一直坚持这样的观点：“与其用成功的创业案例复盘，不如给经历过失败的创业者一个学习和分享的平台。今天的失败者，只要善于总结经验、规避错误，明天可能就会反败为胜；而今天的成功者，稍有不慎也可能竹篮打水、重新归零。”

真格学院给创业者们开设了失败教育课。真格学院院长顾及女士曾给我讲过学员们上课前后的状态，“上课前，低着头进去，两眼无神；上课后，昂着头离开，满眼放光”。我并不认为这是她的广告之词，而是失败教育给创业者带来了再战的勇气和抵抗压力的巨大能量。

我们曾以为传授创业知识和方法是创业第一课，其实失败教育才是创业第一课；我们曾以为拼命学习成功就会成功，其实只有学习失败才会让自己更接近成功。

他山之石，可以攻玉。以色列就是一个主动让自己的国民从失败中学习的国家。从高中阶段开始，以色列会让学生拿出一部分时间和精力去创业，显然这是一项耗时耗力且多半会失利的事，在东方国家这种尝试几乎不可能出现。然而，以色列的学校和家长却有足够的耐心和宽容鼓励孩子们去做这件事，只因它能教会孩子们如何真正应对失利，而不是被很多营造出来的成功假象所迷惑。在犹太人眼中，真正的英雄不是一上来就赢的那种人，而是一直失利但始终不放弃、继续勇往直前的人。所以，在失败过程中吸取经验和教训比直接成功更重要。

一位以色列教授是这样总结的：我们容纳的不是失利，而是容纳再次试验。

容纳再次试验需要一种深入骨髓的文化张力，这种张力喊不来、学不来，更买不来，只能靠失败教育去积淀和获取。然而，中国几千年成王败寇的文化决定了失败是压在人们心头的一块重石，绝大多数人连“失败”二字都听不得，这让失败教育变得不那么简单，挑战极大。

什么才是好的失败教育？很难定义，实际上，也不可能真正定义。学习和反思失败得来的不只是知识，更是一种心态和意识。好的失败教育，一定会让创业者的反败意识深度觉醒；让深度研修失败的态度成为主流，更会激发创业者敢于反败的勇气，扭转全社会以败为耻的文化氛围。

从逃避自己到和自己对话

识人易，识己难。人们习惯于挑别人的毛病，却忽略自身的问题；创业者也不例外，尤其在分析和审视别人的失败时，总会把自己藏得很深，把别人批得很惨。失败教育的首要任务是改变这种心态，让“自省”成为贯穿始终的主流心态，让“警醒”成为贯穿始终的天然意识。用他人之败，省自己之败，悟反败之道，方能和自己对话。

一位创业者在接受了为期两周的失败教育后，写下了这样一段话：“短短的几天，仿佛重演了我生命中好几年的经历和感受。我认识到了一个多年来都无法认知到的自我，一个可能我多年来都想逃避、都拒绝承认的自我。”但凡一个人从心底说出这些话，你就知道他背后的失败教育成功了。

从至千里到积跬步

失败教育的核心是让创业者看透随处可见的失败真相，懂得如何“积跬步”，而不是总想着如何“至千里”。失败不可跨越，只能一步步去击败；反思失败也不可跨越，必须一点点“为伤口消炎”。积跬步，就是用一种深度研修失败的冷静态度和智慧进行反思，真正挖掘出失败真相，积累反败资本，让自己进化成一个合格乃至优秀的创业者。

如果能让创业者意识到反思失败的长期价值，使其在创业途中时刻警醒失败、关注失败、研究失败，这样的反败教育就是值得信赖的。

从懦弱低谷到鼓起重生勇气

失败不是用来后悔、摒弃和轻视的，而是可以用来学习的；反思失败带给人的也不只是创业本身的收获，而是人生的飞跃和重生。从懦弱低谷到鼓起重生勇气的跨越，靠的一定不是僵化理性的说教，而是创业者内心激情的再次点燃和对自我效能的重新认知。好的失败教育，恰恰攻的是“心”。它会用巧妙的方法触动失败者心底的那根神经，让创业者用最底层的理性去剖析自己的失败，用从未有过的同理心去领悟他人的失败，或许，在此过程中的某一刻，就能触及心理突破点，激发出本该属于自己的勇气。

如果你能攻自己的心，那你就是自己反败过程中的导师。一位创业者在从失败的低谷中走出来后，想要感谢的第一个人不是别人，而是自己。“感谢自己一直抱着积极的态度去寻找帮助，勇敢踏出那一步、去翻开过去再砍断它，去接受反馈，去直面问题。感谢自己在放弃前，再尝试一次，而那时的自己就像一个老朋友，默默给我鼓励和勇气。”

从全社会听不得失败或看热闹到以败为荣

恩格斯说过：“无论从哪方面学习都不如从自己所犯错误的后果中学习来得快。”

一个听不得失败的创业者群体，注定没有希望；一个嘲笑失败的时代，更难以真正用创新去铸就伟大。这个奋勇“双创”的社会，最值得弘扬的不是为成功锦上添花，而是为失败雪中送炭，全社会形成以败为荣的氛围。

一个人反思失败，虽然能照亮自己周边的一小片天地，却只是整个社会中微弱的一点亮光。用失败教育点燃整个社会的反败之光，就会加速全社会对失败的学习进程，这才是失败教育的真正使命与担当所在。

失败教育兴，则创业兴。当失败教育和反败基因深入中华儿女的骨髓，创新才能找到最坚实的文化根基，并因此生生不息。

这，就是失败教育当之无愧成为创业第一课的全部理由。

特别奉献二

失败的认知性复盘[㊀]

第一步：清晰分析失败内外四大因素

1. 外部因素

（1）系统性问题

1）投资偏好变化：投资人的偏好、风口的变化

2）行业发展变化：新技术取代旧技术、产业链变化

3）外部大环境变化：中美贸易战、汇率波动、公共卫生事件

（2）资源性问题（资源缺失、资源错配）

1）政府资源

2）行业资源

3）投资人资源

㊀ 此部分内容由真格学院院长顾及提供。

4）合作伙伴资源

5）团队资源

6）其他资源

2. 内部因素

（1）他人认知偏差

1）沟通风格差异：直接VS间接、抽象VS具象、大局VS细节、想法VS执行、发散VS聚焦

2）工作习惯差异：10种工作习惯

3）决策习惯差异：4种决策习惯

4）价值观、使命和目标差异

（2）自我认知偏差

1）常见习惯性思维模式

A. 信息收集偏差：权威、关系亲密者具有更大影响力、事无巨细

b. 决策过程偏差：感性因素干扰、过往经历代入、身体状态影响、外在压力，等等

C. 视角偏差：角色认同、人设问题、格局问题（缺乏大局观）、悲观VS乐观主义倾向

2）常见习惯性行为模式

A. 防御机制：表面理解，内心抗拒，被动侵略性

B. 自大和自卑：一言堂模式

C. 老好人模式

D. 否定性行为：自我否定、他人否定

E. 苛求性行为：对人对己的完美主义

3）常见习惯性情绪模式

A. 易焦虑

B. 无力感

C. 易怒

D. 迷茫感

第二步：用苏格拉底追问法突破认知盲区

（1）针对上述分析出来的每一个偏差，多问自己3次为什么，找到更深层的原因

（2）通常路径是：外部因素→内部因素→自身潜在误区

（3）发现误区后，就积累下了知识、技能、资源、认知四个方面不同的反败资本

第三步：通过及时反馈和刻意练习来修正习惯性模式，把失败变成成功的起点

（1）人的自我认知源于外部反馈

（2）通常反馈只有极好或者极坏两个极端，需要获得及

时真诚的反馈

（3）披露→反馈→改变认知突破三部曲：刻意练习来修正习惯性模式，对于思维和行为，这个方法都有效

（4）情绪模式的修正

1）个人经历和心结

2）原生家庭

3）亲密关系模式

4）人设问题

特别奉献三

政府之手："反败政策"

政策，从来都是创业者的风向标和定心丸。然而，你能说出现在哪一条政策是为创业失败制定的？寥寥无几。一旦失败，创业者的门前只会冷落鞍马稀，投资圈少有人理，朋友们逃之夭夭，慈善圈也断然不会出现创业失败者。显然，这是一个"市场失灵"之地，政府该出手时就出手。

历经前期挖空心思的研究，站在政府和创业者的"双视角"，我们设想了一个创业失败的政策罗盘（见附图 -1）。这个罗盘，既传递出我们强烈倡议的声音，也浸透了创业者无比热切的期望，更饱含了政府部门的良苦用心。

政策罗盘分为四个区。A 区是风险投资，涵盖直接风投、间接风投和再创业风投；B 区是社会保障，包括创业保险、社会救助和再就业培训；C 区是止损和退出，涉及转让与并购、破产保护和债务减免；D 区是公共服务，重在托管服务和心理服务。

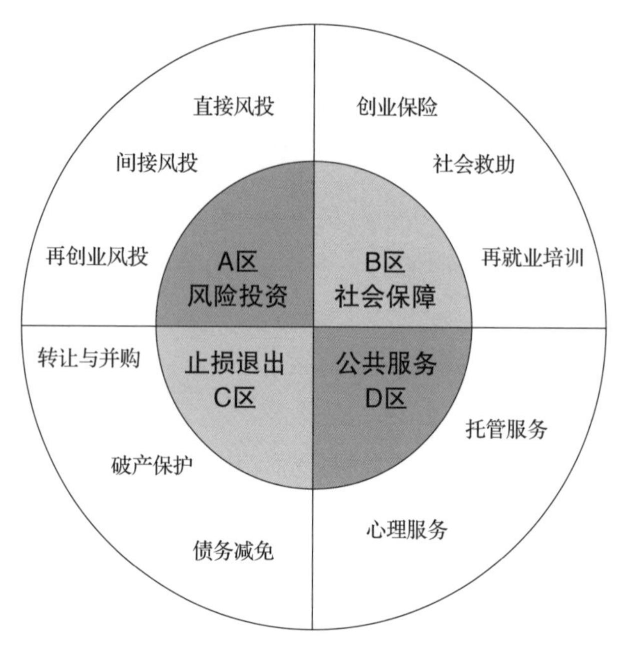

附图 -1　反败政策罗盘设想

A 区：风险投资

创业失败后再创业需要资金怎么办？有三种政策途径可以解决：

（1）国家直接风险投资。1991 年以色列的国家科技孵化器计划奠定了今天以色列政府扶持创业企业的基本模式：孵化器内创业项目前两年的预算中，85% 来自国家保证金或者国家补贴利率贷款，其余 15% 来自私人投资者。目前，我国国内有两种主流的国家风险投资方式：一是以地方政府直接投资为主的，机构投资者参股的股份制风险投资公司；二是科技主管部门、财政部门共同投资设立的风险投资公司，创业者享受国家投资和贴息贷款等优惠政策。

（2）政府间接风险投资。这是政府承诺给创业者或风险投资商提供一定比例的风险补偿，分担其创业失败或投资失败的成本。比如，地方政府补偿孵化器内创业失败者一定比例的损失，对于孵化企业首次贷款所出现的坏账损失，银行与地方财政分担一部分。再比如，对投资机构投资种子期科技型企业或项目所发生的投资损失，按不超过实际投资损失的 60% 给予补偿；对投资机构投资初创期科技型企业或项目所发生的投资损失，按不超过实际投资损失的 30% 给予补偿，单个投资项目的投资损失补偿金额不超过 300 万元，单个投资机构损失补偿金额不超过 600 万元。

（3）再创业风险投资。设立再创业风险投资基金，为那些失败后想东山再起的创业者提供支持。比如，韩国政府计划募集 5000 亿韩元（约 4.475 亿美元）设立专项基金，帮助创业失败的初创企业从头再来。

B 区：社会保障

很多人创业失败后非常狼狈，建立基本社会保障就是让失败者维持基本生活，构筑反败底线。有三种政策途径可以解决。

（1）创业保险。这是政府将补贴给保险公司作为保费（而不是直接给创业团队），为创业团队提供支持。前提是由保险公司对企业进行评估，确定最高可获赔金额，然后再由政府给予相应保费补贴。比如“创客保”主要针对创业失败的创业者，经相关部门认定，对创客团队给予生活补助，每人一次性生活补助最高可达 3 万元。

（2）社会救助。这是为创业失败者提供社会救助。一些城市实施“创业挫折关怀行动”，将创业失败者纳入社会救助范围，予以优先救助；对符合医疗救助政策的患大病创业失败者，可以按规定进行医疗救助；对不符合城乡居民最低生活保障条件但又确实出现暂时生活困难的创业失败者，可以给予临时生活救助。一些省份还出台政策，自主创业失败的就业困难人员、高校毕业生，享受社会保险补贴距补贴期满不足 1 年或超过补贴期限的，可再享受 1 年期限的社会保险补贴。

（3）再就业培训。这是为创业失败者提供创业失败后的再就业培训，完成从创业者到职业经理人的角色转换，短时间内帮助其完成新的知识和能力积累，以适应新的岗位要求。

C区：止损退出

创业失败后，及时破产和退出是能最大程度降低损失的一种靠谱的方式，可避免形成僵尸企业、引起社会震荡。有三种政策途径能发挥作用。

（1）**转让与并购。**创业公司失败后，可以通过转让给其他公司与由其他公司来并购的方式进行止损：一类是人才收购，目的是收编创业团队；一类是业务收购，目的是收购产品或技术。政府应支持这类转让与并购，建立转让与并购的信息分享机制和发布平台，在相关程序上给予便利。

（2）**破产保护。**如果创业项目没人接盘，资金又不足，实行破产保护是较好的止损方式。我国破产申请数量较低，处于困境的创业企业很少采用破产的方式请求救济，主要原因在于破产程序较为复杂，退出成本比较高。政府通过进一步简化破产程序，可以减少退出障碍和降低新进入壁垒，建立更有效的重组程序。

（3）**债务减免。**因为创业失败而债台高筑的案例很多，如果巨额债务无法通过合法形式给予一定程度的免除，创业失败者可能一辈子也偿还不了。此外，有些创业失败者由于欠债被列入失信被执行人"黑名单"，财产被冻结、被限制乘坐高铁和飞机，没有办法自救，也缺少社会的支持和援助。政府应该区别对待从市场竞争中退出的创业失败人群与恶意失信的人，对创业失败者适当减免债务，设立最高债务限额，给予最长还债期限，让他们有还清债务并东山再起的机会。

D 区：公共服务

对于创业失败项目，政府理应提供更加人性化的精准服务。有两种政策途径。

（1）托管服务。许多创业者经常碰到一个问题，我创业失败了，但不想直接把公司注销，还想找机会东山再起，工商税务事宜怎么办？托管服务可以为创业失败者减轻很多负担。如果创业企业没有收入，无法维持正常运转，可以选择休眠，将工商税务事宜托管给工商或税务部门或由政府出资的第三方机构，就像目前的个人档案由政府免费保管一样。政府建立中小微企业托管服务中心，对于营业收入很少，比如年收入不到 10 万元的，无论是初创企业，还是经营了一段时间业务没有起色的企业，只要该企业愿意，托管服务中心都有义务免费代为处理与工商、税务等部门的各种关系。

（2）心理服务。创业者太难了。美国心理学家史培勒说："抑郁症往往袭击那些最有抱负、最有创意、工作最认真的人。"世界卫生组织报告称，世界上约 1/7 的人会在人生的某个阶段被抑郁症困扰，而创业者群体患抑郁症的比例接近

90%。所以，建立常态化的创业失败心理疏导机制异常关键。国际通行的做法是，由政府主导出资建立创业失败心理干预机构，或在公益性心理咨询机构中增加创业失败心理辅导内容。政府至少可以在这几方面有所作为：发展专职的创业心理咨询师队伍；设立创业心理咨询热线电话；通过各种途径免费为创业失败者提供心理咨询和心理救助服务。

后 记

这本让人死去活来又重拾希望的书

《反败资本》是我的第 19 本书，却是史上最难的一本，我几乎被它打败了。

写作过程中我把自己扒了个精光，写完这本书我已心力耗尽，但浑身充盈了另一种力量，沐浴在清零心态的阳光中。当一个人敢于坦诚示众时，他已心无所惧。本书的主题是反败，而写书的过程就是一场死去活来的反败，从白天到黑夜再到天色渐明，我的内心反复被揉捏，最终它又让我重拾希望。

时钟拨回到 2015 年。彼时，创业成为时代主题，不甘寂寞的我们在徐小平老师的建议下，确立了“创业三部曲”的规划。当时觉得这是件遥远的事。然而，前两部曲《第四次创业浪潮》《内创业革命》上市且反响良好，“第三部曲”

却迟迟未能写出来。

每每静谧深夜，我就会使劲琢磨这事。

2018 年春节后一个寒风刺心的傍晚，灵感忽至，第三部曲就写“失败”！几个月后与徐小平老师聚聊，发现我们与他的想法不谋而合，内心甚喜。当晚，我开始畅想“第三部曲”上市后引起轰动的那种极爽感。

然而，实际上手，才发现失败这个命题的水有多深。一位几年前曾试图干这事的某咨询公司董事长幽幽地跟我说，“这个主题最好别碰，我当年组织了全公司的力量去写，三个月就撤了，根本写不下去”。

他说的一点没错。写“成功”好落笔，写“失败”难下手。

思维的摇摆，最让人绝望。

究竟写失败的什么？在主题上，我们开始左右摇摆，不停争论，直到快放弃的时候，我们才猛然发现原来瞄准的靶子错了——失败不是我们要打的点，创业者关注的是如何反败、怎样翻盘。从表层分析失败原因就是个死胡同，永无出路。之前那位董事长就是掉进这口深井爬不出来了。

下一个问题，怎么找到合适的访谈对象？美国西点军校有失败学，旧金山有失败者大会，以色列有全民支持创业者反败的传统，而中国传统的“成王败寇”观念让人们对失败的话题敬而远之，想找个合适的访谈对象真的很难。

能力的摇摆，最让人不甘。

再往后走，我发现自己的头越来越大，反败这事涉及心理、哲学、人类学、社会学、管理学、创新创业学……自己把握不住啊！我不是一个爱讲道理、能忽悠的人，却要扒透人的心理，还要有理有据把握分寸，这辈子真没干过这样的事。

2019 年 1 月 27 日，在饺子馆开会的我们，破天荒给自己做了个诊断，提了三条“最坏结果预警”：一是确实难，写不出来；二是框架调整无数次，最终放弃；三是费力写出来但不符合市场需求。之所以要预警，就是想给自己未来的失败留一条退路。

现在想来，这样的诊断太及时了。

半年过去了，调研无数，开会无数，讨论无数，却始终没有发现令人眼前一亮的东西。期望越大，失望越大，内心的绝望开始不可控地弥漫。每次开会我都压着情绪，每次健身时我举着杠铃脑子却在飞转，每次睡前我都欲哭无泪，醒来都给自己鼓劲，每次讲课我看似满面春风实则内心麻木，我的笑是用无数次与粉丝合影练就的肌肉记忆呈现的……当人的内心对自己的否定到达一定程度时，它摧毁你真的易如反掌。

失控的摇摆，最让人无助。

在 2019 年 6 月一次突破性的访谈后，我们似乎找到了感觉。于是落笔。然而，写出来的第 1 版目录就像个笑话，虽然我们对此早有心理准备，但仍然在心底鄙视自己。

我们在内心深处一直有个疑问：既然失败不可避免，既然反败那么困难，为什么这方面的书那么少？我特别怕的，不是我们这本书被写坏了，而是方向选错了。

我用之前 18 本书建立起来一种看似坚不可摧的自信，却在很短的时间内被摧毁殆尽。在 2019 年最让人痛恨的三伏天里，书稿已写了三遍，我的心却比三九天还冰冷十倍。

我一直找不到以前那种恣意文字、激扬观点的感觉，真的找不到。

进入 2019 年 9 月，我的信心已跌入谷底，而触底后该出现的反弹也没有出现。与此同时，我开始极其冷静地看待自己，让自己冷下来，再冷一点，更冰一些。冷笔冰言之下，效果开始一点点显现，终于找到了写作的感觉。

进入 11 月，书稿在打磨五遍之后初步成形，心里刚放松一分，无比严重的一个问题立马袭来，语言，语言，语言！这是一本用人心垫底的书，讲话必须真诚；这是一本从失败中拽人的书，方法必须直击要害。语言风格的巨大差异，让我不得不开始新一轮的写作长征，准确地说是重写 4 万字。说真的，我情绪极坏，焦虑遍地，急躁满腹，觉得全世界都在跟我作对——因为我知道重写 4 万字意味着什么。

语言的摇摆，最让人无奈。

随后，事情开始变得有一点不同。之前一年多我积累下来的能力、惯力和心力在这个时候开始被激发出来，它们让我淡定，让我隐忍。接下来半个月内，我重写了那 4 万字，虽然我的体重在那段时间掉了 8 斤。4 万字并不多，但写到能让自己接受的程度，实际写的字数接近 20 万。第六轮迭代完成，我心里狂喜，但只默默地“Yeah”了一下。

创投圈的人判断一个人能否创业，一般用纵横两个维度：横向维度就是坚持，纵向维度就是抗压。直到进入 2019 年 12 月，我才觉得自己配用这个标准进行评判，也许我可以在这个坐标系中占据一个小黑点的位置。

终于到了 12 月。天啊！距离 21 世纪的第二个 10 年结束，只剩下不到 30 天。此时，我才敢战战兢兢地开始谋划全书的自序、后记，而这一想，又是半个月。我内心不敢下笔写自序，生怕写残；也不敢写后记，生怕写哭。与此同时，我开始了第七轮的打磨。这一打磨不要紧，仍发现有太多问题。没关系，我一直对周围的人说，这书能到80分就万岁了，因为我写不到90分，更不敢奢望100分。

为了这80分，我们做了以下一些事：

- 反复写了7遍，每个字都是原创，前后一共写了60万字之多。
- 历时2年，每一天都是对肌肉的揉拧与脑细胞的损耗。
- 记录了100页的心得，刻画下我们认知的迭代和成长的烦恼。
- 手机备忘录里随机记录了707个创意灵感点。
- 67次内部会议，在饺子馆、咖啡厅、面馆，争吵、鼓励、昏睡，是会议常态。
- 访谈了近百位创业者，尴尬、坦诚、偏激、淡定，有时甚至聊着聊着就流泪，谢谢你们。

…………

更神奇的是，在写作中，只要我内心有一丝涟漪或躁动，写出来的东西一定不堪入目。我很难解释这是为什么，只是觉得老天很公平。交稿的那一刻，我想感谢老天，冥冥中一定是您老人家故意让我写这样一本个人史上最难写的书。

反观自己，过去10年，我曾趋近于冷血动物；过去10年，我已经不会再流眼泪；过去10年，我在一步步偏离生活轨道。这一切，必定是人心走样带来的恶果。

写完《反败资本》，我重拾了自己，认清了自己。我告诫自己，一切成长，从改变自身开始。一个崭新的2020年代已在眼前，为了值得的人，为了值得的事，我会用轻盈的身姿去拥抱它，用初生婴儿的纯洁心态与无邪之眼去对待它。

《反败资本》上市1年后，大批读者发来读后感，他们的读后感言语真挚、情感爆棚。他们中有的是连续创业者，有的是产品经理，有的是外科医生，还有的是政府官员、国企员工……每个人都从自己的角度阐释了对反败的感悟。只要读到这些真挚的言语，我就特别感动，满怀成就感。

我没想到《反败资本》会有如此大的读者群体，也没想到会这么大地影响人的内心。时过一年，为了让这本书被更多人看到，也为了记录过去这一年我们对反败的所思所想，2021年我们对《反败资本》进行了改版，加入了新的案例，补充了新的模型，更增添了新的思考和建议，写作而成《反败为胜的法则》，希望能为每一个读到此书的平凡人创造不凡的价值。

亲爱的读者，只要你敢打开《反败为胜的法则》，便是成功的——打开书的那一瞬间，你内心的反败之战已经打响，就如同我一样。作为本书的第一名读者，我自己也真的有了那么一点点成长。

《反败为胜的法则》，这本让人死去活来的书，这本让人重拾希望的书，我以你为荣！

特别鸣谢以下人员（排名不分先后）：

徐小平：真格基金创始人，本书策划人。

张晓思：优派科技创始人，重要的思想贡献者、讨论者、案例提供者与修改者。

顾及：真格学院院长，部分案例素材提供者。

PPPCat：本书所有漫画插图绘制者、资料整理者、讨论者与试读者。

高强：法海风控创始人，连续创业者。

王伟楠：清华大学经管学院博士后，内容建议者。

以及所有参考书籍和各类文献的作者，还有所有不愿透露姓名但对本书有贡献的创业者和建议者。

蔺　雷

参考文献

[1] 沃瑟曼. 创业者的窘境[M]. 七印部落，译. 武汉：华中科技大学出版社，2017.

[2] 达利欧. 原则[M]. 刘波，綦相，译. 北京：中信出版集团，2018.

[3] 日本 OJT 解决方案股份有限公司. 丰田失败学[M]. 陈丽仪，译. 北京：东方出版社，2018.

[4] 萨伊德. 黑匣子思维：我们如何更理性地犯错[M]. 孙鹏，译. 南昌：江西人民出版社，2017.

[5] 吴芠萱. 学失败：创业热时代看不见的退场故事[M]. 台北：大写出版社，2018.

[6] 郑旭. 创业突围：跨越企业成长的 12 个陷阱[M]. 北京：中信出版集团，2019.

[7] 周航. 重新理解创业：一个创业者的途中思考[M]. 北京：中信出版集团，2018.

[8] 韦康博. 互联网大败局：互联网时代必先搞懂的失败案例［M］. 广州：世界图书出版公司，2017.

[9] 林军，唐宏梅. 十亿美金的教训［M］. 杭州：浙江大学出版社，2011.

[10] 稻盛和夫. 活法伍：成功与失败的法则［M］. 喻海翔，译. 北京：东方出版社，2012.

[11] 周磊. 失败课：1000个初创项目换来的6步思维［M］. 长沙：湖南文艺出版社，2018.

[12] 蔺雷，吴家喜. 第四次创业浪潮［M］. 北京：中信出版集团，2016.

[13] 蔺雷，吴家喜. 内创业革命［M］. 北京：机械工业出版社，2020.

[14] 德尔纳. 失败的逻辑：事情因何出错，世间有无妙策［M］. 王志刚，译. 上海：上海科技教育出版社，2018.

[15] 曾国藩. 败经·挺经：看智者久立不败之术［M］. 杜刚，译解. 北京：中国书籍出版社，2015.

[16] 汉森. 大师不敢教的失败学：迈向成功的40条不二法门［M］. 赵贺，译. 北京：金城出版社，2011.

[17] 徐小平. 徐小平的识人之道［M］. 北京：北京联合出版公司，2018.

[18] 特纳. 翻盘：全球163位创业者从失败走向成功的七步法［M］. 于晓宇，等译. 北京：机械工业出版社，2018.

[19] 古德史密斯，莱特尔. 习惯力：我们因何失败，如何成功？［M］. 刘祥亚，译. 广州：广东人民出版社，2016.

[20] 德鲁克. 创新与企业家精神［M］. 蔡文燕，译. 北京：机械工业出版社，2009.

[21] 霍洛维茨．创业维艰：如何完成比难更难的事［ M ］．杨晓红，钟莉婷，译．北京：中信出版社，2015.

[22] 蒂尔，马斯特斯．从 0 到 1：开启商业与未来的秘密［ M ］．高玉芳，译．北京：中信出版社，2015.

[23] 久世浩司．抗压力：逆境重生法则［ M ］．贾耀平，译．北京：北京联合出版公司，2016.